U0146866

后浪出版公司

Bob: No Ordinary Cat

伦敦街猫记：当BOB来敲门

[英]詹姆斯·波文（JAMES BOWEN）著
檀秋文 许伟伟 译

北京联合出版公司
Beijing United Publishing Co.,Ltd.

我们的“尾巴”（故事）始自何处？

该去方便了！

不能再远了……

上车，我们走。

Bob 有吸引人之处。

准备好了吗？那么……

笑一个。

开饭了

舔四肢和脚掌

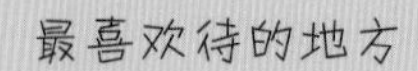

最喜欢待的地方

嗯，今天穿什么呢？

Bob 的地铁通行证

市中心

让 Bob 保持安全、健康

检查他的微芯片

THE NUMBER ONE BESTSELLER
A Street Cat Named Bob
JAMES BOWEN
HOW ONE MAN AND HIS CAT FOUND
HOPE ON THE STREETS
A Street Cat Named Bob JAMES BO

看，老兄，这是我们！

献给布莱恩·福克斯……

以及每一个曾失去朋友的人

豆瓣红人的集体喵能量

猫的使用说明书里，除了“负责整天卖萌”外，因为Bob的存在，一定要加上“治愈人类”这条。治愈效果，轻则帮助戒毒，重则潜移默化中将颓废流浪汉改造为英伦阳光帅哥。

——嘉倩，曾任职英国外交部新闻处、写作者、豆瓣红人

本书作者James是一个生活陷入绝境的伦敦吸毒青年，经常露宿街头的他却收留了一只受伤的流浪猫，他的人生因此获得救赎。也许唯有动机单纯，才能创造出如此神奇的人生奇迹。

——丁小云，《7天治愈拖延症》作者、知名专栏作家

我原以为这就是一个普通的流浪者和流氓猫相依为命的故事，但他们却一页页的融化了我有些冰冷和坚硬的内心，让我懂得，所谓励志，不仅来自于宏大的故事与强烈的对比，还有一种是来自一点一滴的为爱改变，为某种责任而冲破自己的勇敢。这是一个很简单的故事，没什么大悲大喜，也没什么震撼人心，但足以让你感到内心被滋润的安慰和美好。

——特立独行的猫，《挺住，意味着一切》作者

和一只猫建立联系的方式是先给他起个名字：Bob。但James走得更远：他和Bob一起生活和卖艺，学会了各种语言里“猫”该怎么说，明白了自己的责任：为自己的过去，现在和未来负责。

——囧之女神daisy，情感专栏作家、豆瓣红人

Bob从一开始可能只是一只受伤的小猫，然而到最后却成为作者生活希望的所在——这一过程尤其令人感动。一点一滴的记述也许不过只言片语，却见证了人与猫咪一起蜕变的奇迹。

——扭腰客，时光网电影编辑、豆瓣红人

只有它会对你完全的不设防，把所有生命都献给你，你的世界可以有很多，它的世界只有你一个。

——没头脑也很高兴，《永远热泪盈眶》作者

目录

Contents

Chapter 1
流浪的小家伙

有一句名言说道：“我们每个人生命中的每一天都有第二次机会，但我们通常都没有把握住。”我花费了大把的时光来验证这句名言。但是，在2007年的早春时节，当我开始照顾Bob之后，这一切都发生了改变。

我第一次看见Bob是三月一个星期四黑漆漆的夜晚。空气中飘浮着一层淡淡的薄雾，因此，我在科芬园卖艺一整天之后，比往常稍微提早一点收工回家。

公寓的电梯停止了运行，我的朋友贝尔便和我走向楼梯口。走廊里的灯也坏了，漆黑一片，但我依然能注意到黑暗中有一双闪闪发光的眼睛。一只姜黄色的猫蜷缩在一楼一间房间外的门垫上。他是一只公猫——雄的。

他那充满灵性的注视顷刻间便抓住了我的心。他好像在问："你是谁？你怎么会到这儿来？"

我跪下来说："你好，小家伙。我以前没见过你，你住在这儿吗？"

他继续盯着我看，打量着我。我轻轻抚摸着他的脖子，一是想跟他熟悉，另外也想看看他有没有戴项圈。他没有。

他很享受我的关心。他身上的毛有的结成了一块一块，有的地方都秃了，而且他明显饿了。看他在我身上撒欢似的蹭来蹭去，我确定他需要一个朋友。

"我想他是一只流浪猫。"我对贝尔说。

贝尔知道我喜欢猫。

"你不能养他，"她提醒我，并冲着 Bob 蹲着的门垫抬头示意，"他很有可能是住在这屋子里的人养的。"

第二天早晨，那只猫依然在那里。我再次轻轻摸了摸他。他喉咙里发出咕噜噜的声音，很享受这种关心。

在日光下，我才看清楚这个美丽的精灵。他有一副标致的面庞，双眼炯炯有神。从他脸上和腿上的划伤来判断，他肯定经历过打斗或遭遇过事故。他身上的毛稀少且粗硬，而且有大块大块的秃斑。我真的很替他担心。

我心想："别再为这只猫操心了，还是为你自己操心吧。"我有点不情愿地转身去赶前往科芬园的公交车。我要在那里卖艺来挣钱养活自己。

当我回到家的时候已经很晚了——差不多晚上10点。我快步冲向走廊，想看那只姜黄色的猫在不在。他已经走了。我虽然有一点失望，但总的来说还是放心了。

第三天，我看到他回来，待在同样的地方，心里有点难过。他看上去比以前更加虚弱了，毛发也更乱。他看起来又冷又饿，还在不停地发抖。

我边抚摸他边问："还在这儿？你今天看起来不太好啊。"

就这样过了许久，我敲开了那所房间的门。

"对不起打扰了，先生。这是您的猫吗？"我问门里那个胡子拉碴的家伙。

他冷冰冰地看了一眼这只猫："不是。跟我没关系，先生。"

在他关门的一刹那，我就下定了决心。

"你跟我走吧。"我说。

我找来了一个装动物饼干的盒子。当我卖艺的时候，我就拿那些饼干招待周围的阿猫阿狗。我晃着盒子，发出嘎嘎声，他就跟过来了。

他的后腿受伤了，上楼的时候爬得很慢。到家后，我在冰箱里找到了一些牛奶，掺了一点水，然后倒进盘子里。尽管在很多人看来牛奶对猫并不好，但他还是很快舔得一干二净。

我又在冰箱里找到了一些金枪鱼，将这些鱼跟动物饼干拌在一起给他吃。他依然吃得狼吞虎咽。

“可怜的家伙，他一定是饿坏了。”我心想。

他的右后腿有一块脓肿，或许他曾经被一条狗或者狐狸咬过。他蜷缩在暖气片旁边，任由我检查他腿上的伤势，甚至让我给伤口消毒。大多数猫在接受治疗的时候都可能乱抓乱挠，但他却表现得非常乖巧。

接下来一整天他都待在暖气片旁边，但也在房间里走来走去，上蹿下跳，无论抓到什么都挠个不停。他身体里积蓄的能量太多了。年轻的公猫如果不做绝育手术的话，精力会特别旺盛。

当我上床睡觉的时候，他跟着我进了卧室，在我脚边缩成一团。当我在黑暗中听见他温柔地打呼噜时，感觉棒极了。他是一个好伙伴。

星期天早晨，我早早起来，想看看能不能找到他的主人。在公交车站的布告栏里经常会贴有“寻猫启

事”。我把猫带在身边，以便能很快找到他的主人。出于安全考虑，我用一根鞋带拴着他。下楼的时候，他很开心地走在我身边。

来到室外，他开始拉着绳子。我猜他想去方便。果然，他调头走向一小片绿化带，接受大自然的召唤。完事之后，他又走过来，很开心地钻到绳圈里去了。

我告诉自己：“他一定是非常信任我。”我必须回报他这份信任，尽力帮他摆脱困境。

街对面有一位女士因为照看猫咪而在本地小有名气。方圆数英里之内的每一只猫都知道她家的后院是最好的觅食地。我不知道她如何承担得起养这些猫的花费。

“他真可爱！”当她看见 Bob 的时候说道。

她随后给 Bob 喂食。我问她：“你见过他吗？”

她摇摇头：“我从来没见过他。我打赌他肯定来自伦敦的其他地方。如果他是被人抛弃的，我也不会感到惊讶。可怜的小家伙。”

她认为这只猫来自其他地方，我觉得她是对的。

回到街上后，我把他身上的绳子取下来，想看看他知不知道要去哪儿。他用他那绿色的大眼睛盯着我，好像在说：“我不知道该去哪儿。我能跟你走吗？”

在他身上发生了些什么？他是家养的宠物猫吗？或许他属于一位已去世的老人；或许他曾经是某个家庭的圣诞礼物或新年礼物，但长大后变淘气了，那家人就不再喜欢他。没有做过绝育手术的猫会有一点精力过剩，而且情况还会变得越来越糟。

我能想象他的主人把他扔在路边，然后大喊“受够了”的情景。

猫的方向感很强，但是Bob并没有尝试去找回家的路。或许他知道以前的那个家不好，是时候该找一个新主人了。

关于他身份的最大线索是身上那一大块脓肿。这是好几天前的旧伤了，看起来他经历过一场打斗。这也暗示着他是一只流浪猫。

伦敦大街上有很多只流浪猫在四处游荡，靠吃人们丢弃的食物和好心人的喂食生活。这些街头流浪猫都是城市里的流离失所者，每天都在为生存打来打去。很多猫都像这只姜黄色的猫一样，有些消瘦，遍体鳞伤。

或许他在我身上找到了共同点。

Chapter 2

康复之路

当我小时候在澳大利亚时，我们养了一只可爱的毛茸茸的白色小猫。无论它来自哪里，可以肯定的是，在我们收养它之前，它都没有接受过兽医的检查。那个可怜的小家伙身上有跳蚤。

一开始我们并没有发现这一点。那只小猫的毛是如此浓密，以至于身上因为跳蚤溃烂了都没人发现。当我们发现时已经太晚了，小猫也很快去世了。我当时只有五六岁，非常伤心，我母亲也一样。

过了很多年，我还很怀念这只小猫。那个周末，我在跟这只姜黄色的猫玩耍时，那只白猫的样子一直浮现在我的脑海里。这只姜黄色猫的皮毛状况很糟糕。我有一种不祥的预感，他或许会跟那只白猫遭遇相同的命运。

星期天晚上跟他一起待在公寓里时，我做了一个决定。

“你不会这样的，”我说，“我要带你去见兽医。”

第二天早晨我早早起来，给他准备了一碗捣碎的饼干拌金枪鱼。他的腿伤很严重，我知道他走不了90分钟的路程，因此我决定把他装在一个绿色的回收箱里带他过去。刚要动身，我发现他明显不喜欢被装在箱子里，不停地用爪子抓住箱子的边沿，试图爬出来。我最终放弃了。

“来吧，我抱着你。”我说。

他爬上我的肩膀坐着。我让他一直待在那儿，自己拿着空箱子，一路走到了英国“皇家防止虐待动物协会治疗中心”。

治疗中心爆满，大部分都是愤怒的狗狗们和火气同样大的主人们。小猫一会儿坐在我的膝盖上，一会儿坐在我的肩上。他有一点儿紧张，但我不能责怪他，因为候诊室里的绝大多数狗都在朝他狂吠。

我们等了四个半小时。

终于护士叫到我：“波文先生，你现在可以去见兽医了。”

兽医摆出一副看透一切的厌世表情，你在很多人脸上都能看到这种表情。

“哪儿不舒服？”他问。

我告诉他我在门厅发现了这只猫，并给他看了看后腿上的脓肿。

“我能感觉到他的疼痛，”兽医说，“我给他开一些止痛药和抗生素。两周内如果情况还没有好转的话，再来看看。”

“您能给他检查一下跳蚤吗？”我问。

兽医快速查看了一下他的毛皮，并没有发现任何异常。“但是你需要给他开些药预防一下。对小猫来说，跳蚤确实是一个麻烦。”他说。

“我知道。”我心想，又记起了那只白色小猫。

“让我看看他有没有被植入微芯片，好吗？”兽医说。

答案是他没有。我再次怀疑他也许是一只流浪猫。

“你有时间的话就给他植入一个芯片吧，”兽医建议，“他应该尽快做绝育手术。我们对流浪猫有一整套绝育方案。”

考虑到这只猫在房间里又撕又扯，精力如此充沛，我笑着点头同意了：“好主意。”

兽医在电脑上敲入病历记录，并打印了一张处方。几分钟后，我们结束了这次就诊。离开兽医的诊室后，我去药房递上了处方。

“他真是一个可爱的家伙，”药房里穿着白大褂的护士说，“我母亲以前也有一只姜黄色的猫。那是她最好的伙伴，脾气非常好，经常坐在她脚边观察他人在做什么。哪怕是炸弹爆炸，他也不会离开我母亲。请付 22 英镑，亲爱的。”

我的心往下一沉。

“22 英镑？真的吗？”我身上总共只有 30 英镑。

“是的，亲爱的。”护士说。

我递过 30 英镑现金，拿回了零钱。这对我来说是一笔巨款，是一天的收入，但是我别无选择，我不能让我的朋友失望。

当我们出门准备一起长途跋涉回家的时候，我对小猫说：“看起来我们被拴在一根绳上了。至少半个月内我是没法摆脱你了，直到你完成治疗。没有其他人能给你喂药，对吧？”

我不知道为什么要这么做，但是照顾他的责任感让我心里充满了能量。我要努力为其他人着想，而不是为自己。

当天下午，我给他买了点猫粮，花了我 9 英镑，这是我手头的最后一点钱。当天晚上，我把猫放在家里，独自一人拿着吉他去了科芬园。我现在有两张嘴要养活。

接下来几天，我更进一步了解了他的脾气，而他也在我的照顾下逐渐康复。现在我已经给他取了个名字：Bob。我是在看最喜欢的电视剧《双峰》的时候想到了这个名字。剧里有一个角色，名叫杀手 Bob。上一分钟，杀手 Bob 还是一个正常的、理智的家伙；下一分钟，他就有可能变得疯狂，失去控制。这只猫的脾气有一点像他。当他高兴且得到满足的时候，就

是你曾见过的最文静、最乖巧的一只猫；但是当情绪上来时，他就绝对是一个疯子。Bob 就是这样的。

我现在很清楚 Bob 是一只流浪猫。当需要大小便时，他始终拒绝在我给他买的便盆里解决。因此，我不得不带他下楼，让他在公寓周围的花园里大小便。他会急匆匆冲入茂密的花丛中，尽情释放，然后把周围的土扒拉扒拉，盖住他的排泄物。

我们的生活逐渐走上了正轨。早上我会把 Bob 放在花园里，独自前往科芬园。我在那里卖艺，直到挣到足够的钱才收工。当我回家的时候，他已经在门口等我了。然后他会跟着我一起来到客厅，在沙发旁边看电视。当我拍拍沙发，邀请他上来坐在我身边时，他就会跳上来。

到吃药的时候，我就要哄着他："来吧，老兄。"

"我必须要吃吗？"他好像在说。

但是当我把药放在他嘴里，轻轻摸着他的喉咙直到他把药吞下去的时候，他也从不挣扎。如果你试图让猫张开嘴，大部分猫都会发疯，但是他已经相信我了。

这只猫身上还有一些非常特别的东西。我从来没有见过像 Bob 这样的猫。

无论从哪个方面看，他都不完美。他经常在厨房里上蹿下跳，为了找食物而打翻锅碗瓢盆，橱柜和冰箱的门上到处都是他的爪印。

但是我所能做的就是说："不，Bob，离开这儿。"

然后他就乖乖地听话离开了。这表明他非常聪明。而这也再次提出了关于他背景的所有疑问。一只流浪猫会听人的话吗？我表示怀疑。

我真的很喜欢Bob这个伙伴，但我知道他迟早都会想着回到街上，因为他不是一只家猫。但是在短期内，我决定尽最大的可能照顾他。

第二天早晨，我又带Bob出门大小便。他冲向毗邻隔壁那栋楼的灌木丛中的老地方——他更像在划分自己的势力范围，猫们都喜欢这么做。与往常一样，他在那儿待了一两分钟，然后自己打扫干净战场。

当他往外走的时候，突然间又停住了，似乎是看到了什么东西。然后他以闪电般的速度弓着身子冲上前去。我还没反应过来，Bob就已经在树篱附近的草地上抓住了什么东西。

那是只灰色的小耗子，身长不超过5厘米。

那个小家伙根本没有逃生的可能。

“你不能吃那玩意儿，”我说，“老鼠身上充满了细菌。”

我蹲下来，试图捡起那只老鼠。Bob对此不太高兴，他发出了一阵轻轻的嚎叫和嘶吼，但我拒绝妥协。

“把它给我，Bob。”我说。

他看了我一眼，好像在说：“我为什么要给？”

我在外套里寻摸了一番，找到了一块点心。我把点心递给他：“吃这个，Bob。这个更适合你。”

过了一会儿，他让步了。当他一离开那只老鼠，我马上抓起老鼠的尾巴，把它扔掉了。

猫是一种凶狠的肉食动物。人们很少会想到他们饲养的可爱的小猫是一个残忍的杀手，但猫确实一有机会就会这么做。世界上的一些地方有着严格规定，猫只能在晚上才能被放出来，因为它们会残杀当地的鸟类和啮齿动物。

Bob 已经证明了这一点。他的冷血、速度和捕杀技能都非常惊人。他完全清楚要做什么以及如何去做。

在遇到我之前，Bob 是不是每天都像这样追捕猎物吃？他是家养的还是在野外靠山吃山、靠水吃水？他是如何变成今天这样的？我确信我的这个朋友身上有很多故事。

在许多方面，Bob 和我都有很多共通之处。

Chapter 3
我目前为止的生活

曾经我靠在街头卖艺艰难谋生，人们也想了解，我是如何结束这样的生活的？

每个人都想知道像我这样的人是如何堕落至此的。我敢肯定，我的故事会让他们对自己生活的感觉好很多。他们会想："好吧，我可能会觉得我的生活很糟糕，但是还有更糟糕的。我至少还不像那个可怜的家伙。"

很多人像我这样流落街头，原因多种多样，但通常都有很多相似点。毒品、酒精和家庭问题通常是其中的重要组成部分。这些也确实都发生在我身上。

我出生在英国萨里，在我 3 岁的时候父母离婚，我妈妈带着我去了澳大利亚墨尔本。在那里，妈妈在一家大型复印公司上班，她是那个公司里最顶尖的销售员之一。

两年后，我们搬到澳大利亚西部，在那里一直待到我 9 岁左右。在澳大利亚的时光非常美好。我有着一个小男孩想要的足够的活动空间，可以探索这个世界。

问题是，我很难在学校里交到朋友，因为我们总是不停地搬家。我母亲一直在买房子和卖房子，一直在搬家。我从来没有一个固定的居所，也从来没有在一个地方待很长时间。当时，我和我的继父关系一点也不融洽，这也让情况毫无改善。

当我 9 岁的时候，我们回到了英国霍舍姆附近的苏塞克斯郡。我很高兴重回英格兰。但是我 12 岁那年，我们不得不再次搬家——又回到了澳大利亚西部。

我们定居在一个名为奎因岩的地方。在那里，我染上了一堆坏习惯。

在学校里，我总是试图努力表现自己。我总是急于给人留下深刻印象，当我还是个孩子的时候，这并不是件好事。在就读过的每所学校，我最终都会被人欺负。我的英国口音和爱讨好别人的态度总让自己很显眼，成为别人攻击的靶子。

在奎因岩，一切都变得特别糟糕。该地之所以叫奎因岩是有缘由的。在当地，在你眼光所及之处，到处都是非常优质的大块石灰石。这些东西非常适合用来砸像我这样的小孩。一天，在放学回家的路上，我在街上被人追着用石块砸。突然，有一块石头重重地

砸在我脑袋上，我被砸成了脑震荡。

在我十岁多的时候，我们始终居无定所。这通常跟妈妈的工作息息相关。有时候，我们有很多钱，但有时候，我们又一贫如洗。在15岁左右，我实在不愿意被人欺负，于是就辍学了。我变成了一个流氓阿飞，总是很晚才回家，跟妈妈对着干，藐视任何权威。可以预见的是，我染上了毒瘾。我很生气，因为我觉得我没有得到最好改观。

俗话说“七岁看老”。我不确定当我7岁的时候，你们就能够预见到我的未来,但是你肯定已经能猜到，当我17岁的时候，我的未来将会是什么样子。我走在一条自我毁灭的道路上。

妈妈尽了最大努力来帮我。她意识到了我的所作所为带来的后果。她检查我的口袋，试图找到毒品，甚至有几次把我锁在卧室里。但是家里的锁很容易就能打开，我很擅长开锁。

情况越来越糟糕。我是一个堕落的少年，觉得自己比任何人都高明。妈妈一定非常为我担心。我并不关心其他任何人的感受，除了自己。

在18岁的时候，我回到伦敦，跟同父异母的姐姐住在一起。她是我父亲上一段婚姻带来的。

妈妈开车送我到机场，把我放下就走了。我们都以为我只会待6个月左右，但是计划没有变化快。

回到英国后，我无法找到一份体面的工作。我当过一段时间的酒保，但是被他们解雇了。我姐姐和她的丈夫把我赶出了家门，因为我跟他们过不到一块儿。我见过父亲几次，但是都闹得不愉快。我开始带着睡袋在伦敦到处跑，睡在朋友家的地板上和沙发上。后来，我没法住在朋友家，于是搬到了大街上。

从那时开始，一切都在走下坡路。

睡在伦敦大街上让人失去了一切，包括你的尊严、你的身份。最糟糕的是，人们一旦发现你睡在大街上，就不把你当人看。很快，你在这个世界上就一个朋友都没有了。我曾经找到一份厨房搬运工的工作，但是当他们发现我无家可归之后，就解雇了我，即使我什么都没做错。

唯一可能拯救我自己的事就是回到澳大利亚。我有一张回程机票，但是在距离航班起飞前两周，我护照弄丢了。回到澳大利亚家中的所有希望都破灭了，并且在某种程度上，我自己的希望也破灭了。

接下来的一段时期内，我的生活被毒品、酒精、轻度犯罪和绝望所笼罩。

1998年，我已经完全依赖海洛因了，有好几次都差一点死掉。在那时，我从未想过跟家人联系。我只能想象他们也一定彻底忘了我。

一年后，我被一家收容无家可归者的慈善机构收留，住在不同的避难所里。接下来10年最美好的时光，我都住在可怕的青年旅社、提供早餐的民宿和各种各样的房子里，跟瘾君子同在一片屋檐下。他们偷走了我所有的东西，我只能在睡觉的时候把最重要的东西藏在衣服下面。所有这一切都是为了生存。

我的毒瘾变得越来越严重，以至于不得不接受戒毒康复治疗。我接受了单独辅导，谈了自己的习惯，如何染上毒瘾以及准备怎么戒掉。

我染上海洛因是因为自己很孤独，就这么简单而纯粹。我总是孤身一人，海洛因就像是我的朋友，这听起来很奇怪。但是在内心深处，我知道这玩意儿正在要我的命。

我逐渐用美沙酮代替海洛因，这是脱瘾治疗的第一步。在2007年春天，我决定停用美沙酮，彻底戒除毒瘾。

我搬到了位于托特纳姆的公寓，这是一栋普通的公寓楼，里面住的都是普通人。这让我有机会使自己的生活重回正轨。为了付房租，我开始在科芬园卖艺。尽管收入微薄，但是能够糊口，并可以付房租和水电费。

这是我命运的转折点。我必须把握住。

如果我是一只猫的话，我现在就处在自己的第九条命上。

Chapter 4

小手术

第二周的疗程结束后，Bob 的气色看起来好了很多。他后腿的伤口愈合得很好，身上的秃斑开始消失，长出了新的厚厚的毛，表情看起来也更高兴了。他的眼睛里闪烁着一道美丽的黄绿色的光，这也是此前没有过的。

他在屋子里闹来闹去也证明他感觉好多了。从第一天开始，他就跳来跳去，但在之后的一个星期，他愈发变成了一个能量充沛的球。有很多次，他都像疯子一样上蹿下跳，疯狂地抓着他能找到的每一件东西，包括我。我并不介意，他只是在玩。

他已经成为厨房里的巨大威胁，因此我不得不买了几个便宜的塑料童锁来保护我的食物。我还要时刻注意别把任何东西随手乱放，因为这些都可能被他拿来玩。一双鞋或一件衣服会在几分钟内被他撕成碎片。

如果我不给他做绝育手术的话，他体内的荷尔蒙会完全控制他。他很可能会一下子失踪几天或者几周，去寻找母猫；他更可能被车子碾过，或跟别的动物打斗；他还有染上严重疾病的风险。如果做了绝育手术，他会变得更冷静、更平和。这是毫无疑问的。

在他结束服药前几天，我给当地的诊所打电话。

"我家的猫是否适合做一个免费的绝育手术？"我问。

"当然可以，他有兽医开的证明吗？"护士问我。

我告诉她我曾经带 Bob 去英国皇家防止虐待动物协会治疗腿伤，并且开了一些打虫药，已经有兽医开的证明。"那就可以了。"护士说。

我接着问："他能接受手术么？他服用抗生素的治疗快要结束了。"

"没关系，"她向我保证，"我们会在两天后为他安排手术。"

手术当天，我早早起床。我们必须在上午 10 点赶到手术室。我把 Bob 放进那个绿色塑料回收箱里，就是半个月前去皇家防止虐待动物协会时曾装过他的箱子。当天的天气非常糟糕，因此在出门的时候我轻轻盖上了盖子。跟第一次放进去一样，他还是不喜欢待在箱子里，始终都把脑袋伸出来，看着周围的世界。

我们到诊所时比预定的手术时间提前了一大截。诊所里乱糟糟的，狗狗们拉着主人手里的链子，冲着

笼子里的猫狂吠。装在绿色箱子里的Bob很引人注目，但是他完全处变不惊，似乎已经完全信任我了。

年轻的护士说："波文先生，请跟我来。"

我们走进一个房间，她问了一些问题。

"手术是不可逆的，"她提醒我说，"你确定不会给Bob配种吗？"

"是的，我非常确定。"我边答边摸了摸Bob的头。

"Bob多大了？"

"我不知道。"我坦然道，并给她讲了Bob的故事。

"嗯，让我们来看看。"护士检查了一下Bob。"如果猫没有做绝育手术，他们在发育成熟之后外形上会发生一些变化，"她解释说，"他们的脸会更圆润，特别是脸颊周围。他们的皮肤会变厚，通常个头也会变大。Bob的个头并不大，因此我猜他也许只有9到10个月大。"

Bob事实上是一只小猫咪！

"手术有小的并发症风险，"她在把表递给我填的时候说，"但是在手术之前我们会给他做一次彻底的检查，也许还会做血检。如果有问题的话，我们会跟你联系。"

"好的。"我回答的同时感到一丝羞怯。我没有手机，因此他们很难联系上我。

护士同时解释了手术将意味着什么。

"如果一切正常，你可以在6个小时后接走

Bob，”她边说边低头看了一眼手表，“也就是在下午 4 点半左右，行吗？”

在最后抱了一下 Bob 之后，我回到了阴沉沉的大街上。我来不及像往常一样去伦敦市中心卖艺，因此决定在最近的地铁站——多斯顿王领地站——附近碰碰运气。在等 Bob 的时候，我挣了几个子儿打发时间。地铁站旁有一家鞋店，鞋匠人很好，如果下雨了，我可以在那里躲雨。

弹吉他的时候，我试图不去想 Bob。我以前听说过很多猫狗去做这个小手术但是再也没能出来。我努力让自己不去往这些坏的方面想，但无济于事，一大朵乌云依旧笼罩在我头顶上。

时间过得非常非常慢。终于到了下午四点一刻，我开始收拾东西。距诊所最后几百码的距离，我几乎是用跑的。

我上午见到的那个护士坐在接待台前。她冲我微笑了一下。

“他怎么样了？手术进行得顺利吗？”我喘着粗气问她。

这很奇怪。我已经很多年都没有关心过其他人或其他东西了。

她说：“他非常好，别担心。先喘口气儿，我带你过去。”

我走过手术区，看见 Bob 趴在一个漂亮而温暖的

笼子里。

我感到全身放松，问："你好，Bob老兄，你怎么样？"

他仍然处在麻醉中，昏昏欲睡，因此暂时没有认出我来，但是当他坐起来时，就开始挠笼子的门。

"让我出去！"他似乎在说。

当我在几张纸上签下名字的时候，这位护士在给Bob做最后一次检查，以确定他能够出院。她真可爱，也乐于助人。

她告诉我："如果你发现有什么不对劲，就给我们打电话，或者把他带来让我们检查。但是我肯定他没事。"

"他这种昏昏沉沉的状态还要多久？"我问。

"因猫而异，"她说，"有些猫马上就能恢复，有些猫要很长时间，但是只要在48小时内恢复都是完全正常的。他明天可能不太想吃东西，但是很快就会恢复胃口。不过就像我刚才说的，如果你有任何担心尽管给我们打电话。"

我准备把Bob放回那个回收箱的时候，护士拦住了我。

"我想我们有个更好的东西来装他。"她边说边拿出了一个可爱的天蓝色携带箱。

"噢，那不是我的。"我说。

"没关系。我们有很多多余的笼子，你可以把这个拿走，下次来的时候再带过来就行。”她向我保证说。

“真的吗？”

这样一个好的携带箱怎么可能是多余的？可能是谁落下的，也可能是谁给他们家的猫买的，但是回来后发现它再也不需要了。我不想考虑太多。

为了照顾 Bob，第二天我没出去卖艺。在手术后 24 到 48 小时，他应该有人看着，确保没有任何不良反应。虽然我需要钱，但如果 Bob 出了问题，我绝不能原谅自己。因此，我待在家里，24 小时看着 Bob。

第二天早晨，Bob 吃了一点东西，这是令人鼓舞的情况。他还在屋子里走了走，虽然明显不在状态。

接下来几天，他逐渐恢复原状了。很快，他就像往常一样狼吞虎咽地吃东西了。虽然他依然会感觉到疼痛，但这已经不是大问题了。

我为自己的所作所为感到高兴。

Chapter 5

无票乘车

现在是时候带 Bob 走出家门，回到他原本所属的大街上了。我猜他现在既然已经从手术中完全康复了，那么一定想回到原来的生活中去。

我带他下楼。

我指着街道的方向，说："你可以走了，老兄。"

Bob 看起来有些困惑。

"你想让我做什么？"他好像在说。

"去，快去，去吧。"我边说边往外挥着手。

他蹑手蹑脚走向平时方便的地方。方便完之后，他又朝我溜达过来。这一次，他的表情好像在说："好了，我照你说的做了。现在该干吗？"

第一次，我的脑海里冒出了一个想法。

"我认为你想到处逛逛。"我说。

我一方面很高兴，但是我又知道不能那么做。我连养活自己都难，该怎么样才能再养活一只猫？这对我们俩来说都不公平。

因此，我忍痛决定在早晨出门上工的时候，也把他带出家门，放在室外花园里。

“狠心的爱。”我对自己说。

他一点也不喜欢这样。

我第一次这么做，他对我抱以厌恶的一瞥。

“背信弃义。”他好像在说。

我背着吉他在前面走，他在后面跟着，像某些特工一样走成之字形，因为他试图不被我发现。但他那独特的姜黄色毛不停地摆动着，摇曳着，很是显眼。

每次看见他后，我都停下来。

“走开！”我冲他大喊，夸张地朝他挥着手，直到他消失不见。

6 个小时后，当我回家时，他正坐在公寓楼的大门口。我一方面不想让他进家门，但是另一方面又很想邀请他上楼，蜷缩在我腿边。最终后者占据了上风。

我们的生活慢慢走上了正轨。

每天早上，我把他放在外面；每天晚上，当我卖艺回来，他都在等我。很明显他不会离开。

我不得不使出最后一招，把他整晚都放在外面。

我第一次这么做的时候，试图趁他不注意偷偷溜进去。我笨手笨脚的，而他的胡须能感知到的东西比我整个身体能感知到的都多。当我打开公寓楼

门的时候，他就已经在那儿了，并且挤了进来。当晚，我把他留在大堂里，但是第二天早晨，他却在我门口的垫子上。

接下来几天，我们重复上演如此情景。他总是赢家。

接下来，他又开始跟着我了。

第一次，他一直跟我来到了主干道上。第二次，他就尾随我来到距离公共汽车站只有100码[①]的地方。我一方面佩服他的决心，另一方面却在诅咒他。日复一日，他也越来越大胆。每天晚上我回到家，他就已经在那儿了——等待着。

有些东西必须要最终放弃，而我也确实这样做了。

一天，我像往常一样出门工作，看见Bob坐在一条小巷里。

“你好，老兄。”我说。

他开始跟着我，但当我像往常一样赶他的时候，他就偷偷溜走了。

我一路走去，都没看见他。

“或许他终于想明白了。”我对自己说。

为了走到公交车站，我必须穿越托特纳姆高速公

---

① 1码约合0.91米。

路，这是北伦敦最繁忙、最危险的高速公路之一。当我站在人行道上，试图穿越繁忙的车流时，感到有东西在挠我的腿。我往下看了看。

“Bob！”我倒吸一口气。

吓我一跳的是，Bob在我身边，也想穿过高速公路。

“你在这干吗？”我嘘他。

他看着我，似乎在说：“愚蠢的问题。”

我不能让他冒险，所以我抱起他，把他放在肩膀上，我知道他喜欢坐在那儿。当我过高速公路的时候，他就依偎在我脑袋边坐着。

“好了，Bob，已经够远了。”我边说边把他放在人行道上。

他转身离开，走下了高速公路，消失在人群里。

“或许这是我最后一次看到他。”我对自己说。

过了一会儿，公共汽车到站停下。这是一辆老式的红色双层公共汽车，你可以从后面跳上来。就在我朝车尾走去，准备坐在凳子上时，我看见一道姜黄色在我身后突然闪了一下。

我还没反应过来，Bob就已经跳上来，扑通一声坐在我旁边的椅子上。我大吃一惊，终于意识到我不可能甩掉他了。

“好吧，”我笑着拍拍膝盖，“上来吧。”

Bob马上跳上了我的膝盖。没过一会儿，售票员来了。她是一位开朗的西印度群岛土著人，这位女士

先冲着 Bob 笑笑，再冲我笑笑。

“这是你的猫吗？”她边问边抚摸着 Bob。

“我想他肯定是我的。”我答道。

接下来的 45 分钟，Bob 一直坐在我身边，脸贴着车窗玻璃，看着外面。他对穿梭而过的所有汽车、骑自行车的人、搬运工和行人都感兴趣，一点儿也不害怕。

他唯一一次离开车窗，看着我寻求安慰，是因为一辆消防车或者救护车的警笛声距离过近而感到不舒服。

“不用担心，”我每次都亲密地摸摸他脖子后面。“伦敦市中心就是这样，Bob。你最好要适应它。”

不知何故，我觉得这不是我们最后一次一块儿出行。我感觉他注定要出现在我的生命中。

Chapter 6
关注的中心

我们在托特纳姆法院路地铁站附近的公共汽车站下车。在人行道上，我在衣服口袋里寻摸了半天，找到了一条鞋带做的绳子。我将它套在 Bob 的脖子上，不想让他走失。他有可能第二次走失——也许甚至更糟，被某辆驶往牛津街或从牛津街呼啸而来的黑色出租车撞倒。

Bob 有一点儿害怕，这可以理解。当我们在游客和购物者的大军中穿梭时，我注意到他有些不安，因此我决定抄小路前往科芬园。

“来吧，Bob，我们离开人群。”我说。

尽管那样，他也不太高兴。走了一会儿之后，我能感觉到他想让我抱着他。

“好吧，但是不要养成习惯了。”我边说边抱起他放在肩膀上，就像在穿越托特纳姆高速公路时一样。

他很快摆出了一个舒服的姿势，就像在海盗船上的瞭望台里一样往外看。我一定看起来像高个子的约翰·西尔弗 ，但是我带着的是一只猫，而不是一只鹦鹉。在去往科芬园的路上，我能感觉到他在轻声叫着。

过了一会儿，我开始忘记 Bob 的存在了。相反，我开始想着往常都要考虑的问题：今天的天气是不是适合我在那儿卖艺 5 个小时？科芬园里都有些什么样的人？多长时间才能挣二三十英镑？我需要这些钱让自己——现在还有 Bob——度过接下来几天。前一天我花了 5 个小时才挣到这些钱。

我正在仔细考虑这些问题时,突然间意识到了什么。

在平常，甚至没人会瞧我一眼。我只是一个街头艺人,而这是伦敦。我根本不存在。我是一个无人关心的人。但是那天下午在沿着尼尔街走时，几乎每个擦肩而过的人都在看着我。嗯，更重要的是，他们在看着 Bob。

个别人脸上带着疑惑的表情。一个高个子、长头发的小子，肩膀上坐着一只姜黄色的大猫，看起来肯定很怪异。这不是你每天都能见到的东西——甚至在伦敦大街上也不常见。但是大多数人都报以灿烂的笑容。没过多久，人们就开始拦住我们。

一位衣着光鲜、手上满满当当都是购物袋的中年妇女说:“啊,看看你们俩。他很漂亮,我能摸摸他吗？”

“当然。”我答道，觉得这只是一次偶然事件。

她“砰”的一声放下袋子，把脸贴到 Bob 脸上。

“真是太可爱了，难道不是吗？”她说，“他像

那样坐在你肩上确实很不错。很少见到有人能这样。他一定非常信任你。”

我还没来得及跟这位女士说声再见，就被两个前来度假的瑞典少年围住了。

他们问：“他叫什么名字？我们能给他拍张照片吗？”我刚一点头，他们就用相机拍了起来。

“他叫 Bob。”我答道。

“啊，Bob，太酷了。”

几分钟后，我礼貌地告辞了，继续朝尼尔街的尽头走去，那是通往科芬园的方向。但是我们走得很慢。我几乎寸步难行，不停地被人们拦住。他们想摸摸 Bob，或跟他说说话。这很荒谬。

通常情况下，我从公共汽车站到卖艺的地方只需要 10 分钟，但是这次我们抵达科芬园的时间比通常所需的多了一个小时。

“太感谢你了，Bob，你已经让我损失了一些收入。”我心想。虽然我是半开玩笑的，但是如果他每天都让我走得这么慢，我真的不能再带他上车了。

很快，我的想法发生了变化。

到这一天为止，我已经在科芬园卖艺一年半了。我每天下午两三点钟开工，持续到晚上八点。周末我会早点来，在午饭时间开工。星期四、星期五和星期六，我都很晚才收工，想趁着人们辛勤工作一周后出来闲逛的时候多挣点钱。

每天的最后几个小时，我会到科芬园的酒吧附近转转，人们都站在酒吧外。夏天的时候，去酒吧附近是富有成效的，但也是冒险的。有些人不喜欢我靠近他们，对我很无理，甚至会骂人，但是我已经习惯了。不过仍然有很多人乐于欣赏我弹奏的曲子，会扔些钱给我。

街头艺人通常在科芬园的不同地方工作。音乐家们在英国皇家歌剧院和弓街附近演奏，而杂耍艺人和其他街头艺人则在广场西侧卖艺。詹姆斯街上放着人体雕像，但通常很干净，因此我在那儿摆摊设点。通常，跟其他音乐家一起去弓街要冒点风险，但那样做是值得的。那儿的地铁站人流量非常大。哪怕只有千分之一的人给钱，我的收入也很可观。

到了老地方后，我把地上打扫干净。附近看起来没人管，因此我把 Bob 放在墙边的人行道上，拉开吉他盒子的拉链，脱下夹克，准备调弦。

我甚至还没弹一个音符，人们就在我面前放慢脚步，朝我的吉他盒里扔硬币。“他们真大方。”我想。

我听到一个男人的声音从身后传来。“这猫不错，老兄。”他说。

我转过身，看到一个 30 多岁、外表很普通的家伙朝我竖着大拇指，脸上挂着微笑走开了。

我吃了一惊。Bob 已经趴在空吉他盒子中间，把自己舒服地蜷成了一个球。我知道他是一个魔术师，但他还有别的本事。

Chapter 7
团队合作

当我十几岁回到澳大利亚的时候，自学了吉他。别人会教我一些东西，然后我就努力以自己的方式掌握它们。十五六岁的时候，我有了第一把吉他。我认为自己开始弹吉他的年龄太晚了。我喜欢吉米·亨德里克斯，也想像他一样演奏。

我卖艺的时候弹的乐曲都是我喜欢的音乐：涅槃乐队、鲍勃·迪伦，还有一些约翰尼·卡什的音乐。这儿最受喜爱的歌是绿洲乐队的《迷墙》。这首歌非常受欢迎，特别是当我晚上在酒吧外四处转悠的时候。

我仅仅只弹了几分钟，就有一群小孩停下了脚步。他们都穿着巴西足球队的队服，说着葡萄牙语。其中一个小女孩儿弯下腰摸了摸 Bob。

“啊，gato bonito（即葡萄牙语“漂亮的猫”）。”她说。

“她说你有一只好看的猫。”一个男孩翻译道。

其他人几乎立即停下脚步，想看看他们究竟在看什么。差不多六个小孩儿和其他路人开始掏口袋，纷纷往吉他盒里扔钱。

“看起来你终究还是一个不错的伙伴，Bob。我会经常邀请你来的。”我笑着对他说。

因为我原本没打算带他跟着我，因此我没什么可以给他吃。在我的帆布背包里有半袋他喜欢吃的猫粮，我有时会喂它一点。他也像我一样，必须要等到很晚才能吃上一顿像样的饭。

随着黄昏逐渐转入傍晚时分，人们开始下班回家或者去伦敦西区，街上的行人多了许多，越来越多的人都放慢脚步，看着 Bob。

随着夜色开始降临，一位中年妇女停下来与我攀谈了一会儿。

“你养他多长时间了？”她弯下腰来摸着 Bob。

“哦，只有几周时间，”我说，“我们可以说是互相发现了彼此。”

“发现彼此？听起来很有趣。”

我告诉她我们是如何遇见的，以及我是如何用半个月时间来照顾他直到康复，她听到这些的时候会心地笑了。

“我几年前也养过一只姜黄色的猫，跟这只很像。”她说。一瞬间，我觉得她的眼泪几乎都要夺眶而出了。

“你很幸运发现了他。他们是最好的伙伴，很安静，也很温顺。你为自己找到了一个真心的朋友。”

“我想你说得很对。”我笑着说。

她放了 5 英镑在吉他盒里，然后离开了。

仅仅过了一个小时，我的收入已经跟以前收成好的时候一整天挣的差不多了：20 英镑多一点点。

“战绩辉煌。”我对自己说。

但是我告诉自己现在还不能收工。

关于 Bob，我心里有点矛盾。尽管直觉告诉我，这只猫和我注定要在一起，但我仍然认为他最终会离开，去过自己的生活。因此，只要不断有人放慢脚步来逗他，我认为我也要充分利用这个机会，所谓趁热打铁。

我对自己说：“如果他想出门，跟我玩得开心的话，那就很好。我也能挣一点钱，那样也很好。”

只是我现在挣得比“一点”要多得多。

我已经习惯了一天挣 20 英镑。但是那天晚上，很明显，我挣的要多得多。

在收拾好吉他之后，我盘存了一下，总共挣了 63.77 英镑的巨款。对那天晚上在科芬园溜达的人来说，这笔钱可能没多少，但是对我来说却很多。

我把所有的硬币都装进背包，背在肩上。它像一个巨大的储蓄罐在嘎嘎作响。非常重！我狂喜。这是我在街头卖艺以来收入最高的一天。

我抱起 Bob，摸着他的后颈。

“干得好，老兄，”我说，“这就是我所说的一个好收成。”

我决定今晚不再去酒吧附近溜达了。Bob 饿了，我也饿了，我们要回家。

我朝托特纳姆法院路地铁站附近的公交车站走去，Bob 再次坐在我肩膀上。我决定绝对不再跟任何停下来冲我们笑的人说话，我不能，因为人太多了，而我想在午夜之前到家。

坐上回家的公共汽车后，我说：“我们今晚要大吃一顿，Bob。”

Bob 再次把鼻子贴在车窗上，看着外面明亮的灯光和车水马龙。

我们在托特纳姆高速公路旁一家非常好的印度餐厅附近的车站下车。我从来都没有足够的余钱能买得起那美味的菜单上的任何事物。但那天晚上，我走了进去。

“一份柠檬咖喱鸡、一份印度烤饼和一份芝士菠菜。谢谢。”我说。

当看见 Bob 在我旁边时，服务生冲我做了一个有趣的表情。

“我 20 分钟后会回来取餐。”我说完就带着 Bob 去了马路对面的超市。

“来一袋高级猫粮怎么样，Bob？”我在超市向

他建议，“再来几袋你喜欢的食物和一些特殊的猫乳？让我庆祝一下。这是值得记住的一天。”

拿到晚餐之后，我几乎是跑回了家。我被牛皮纸袋里散发出来的诱人香味弄得神魂颠倒。一进家门，Bob和我都狼吞虎咽起来，就好像今天是世界末日。我已经有好几个月，也许有好几年都没吃过这么好了，我敢肯定Bob也一样。

接下来的几个小时，我们缩成一团。我在看电视，他在暖气片下最喜欢的地方待着。那天晚上，我们都睡得跟死猪一样。

Chapter 8

一个男人和他的猫

第二天早晨，我被厨房里传来的巨大的叮叮当当声吵醒了，听起来好像是 Bob 在试图打开放食物的橱柜，并且碰翻了什么东西。他在以他的方式说：“快起床，我要吃早饭。”

我挣扎着起来，跌跌撞撞走进厨房。

“好了，老兄，我知道了。”我打着哈欠，打开橱柜，拿出一小袋他喜欢吃的鸡肉。

他三下两下就吃完了，然后又喝光了碗里的水，接着又把脸和爪子舔干净，走进了客厅。他喜欢在客厅的暖气片下待着。

“要是我们的生活如此简单就好了。”我心想。

我想过今天不去工作，但随后又想最好还是去。我们昨晚已经休息得很好，但是身上的钱支撑不了太长时间。我生命中又有了一份新的责任，又多了一张嘴要养活——一个很饿的家伙。

我不确定今天Bob是否想再次跟我一起出去卖艺。但是我在袋子里放了几块点心，仅仅为了以防万一他决定再次跟着我。

下午早些时候，我把背包和吉他斜挎在背上就出门了。正当我准备关门的时候，Bob突然冲过来，跟我一起进了走廊朝楼梯间走去。

到了一楼后，Bob先去灌木丛里方便了一会儿，然后又走向垃圾箱。

他对垃圾箱很着迷，只有上帝知道他在那里找什么，吃什么。我不太喜欢他的这个习惯。幸运的是，垃圾箱当天早上一定已经被打扫过，因为周围没有散乱的垃圾。

我决定丢下他走路。我知道他会想办法回到楼里，而且当我晚上回家的时候，他也很可能已经在楼梯口等我了。

“这样很好。”我想。Bob前一天已经帮了我大忙。我不能利用他，要求他每天都跟着我。他是我的伙伴，不是我的伙计！

天空阴沉沉的，预示着会有一场雨。在下雨天卖艺并不是一个好主意。人们只会更快地从你身边跑过，而不会同情你。我决定如果市中心大雨倾盆而下，就回来带着Bob出去玩。

我才走了大约两百码，就感觉到有东西在我后面。我转过身来，看见了一个熟悉的身影，在沿着人行道

慢慢走着。

“啊，我们都改变主意了，难道不是吗？”我说。

Bob 可怜地看着我，好像在说：“是的，不然我为什么要站在这里？”

我的口袋里还装着鞋带。我给 Bob 戴上，然后一起走了。

人们立即开始盯着我们看。个别人一脸不以为然地看着我。他们明显在想我疯了，用一根鞋带牵着猫四处走。

“如果我们经常这样的话，我肯定会给你一条合适的绳子。”我轻轻地对 Bob 说，突然间感到一丝不自然。

除了那些给我臭脸的人之外，另外一些人冲我笑着点点头。一位西印度群岛女士重重地放下手中的购物袋，给了我们一个大大的、阳光灿烂的笑容。

“你们俩在一起难道不是一幅美丽的图画吗？”她说。

自从我搬到这儿来以后，从来没有人在家附近的街上跟我说过话。她跟我说话让我感觉有些古怪，但也很有趣，仿佛我的哈利·波特的隐形斗篷从肩上滑落了。

当我们准备穿过托特纳姆高速公路时，Bob 看着我。

“来吧，你知道该怎么做。”他似乎在说。

于是我把 Bob 放在肩上，穿过高速公路，上了公共汽车。

我对天气的判断是正确的。雨开始下了，在车窗上形成了不同的图案，而Bob再次把脸紧紧贴在车窗玻璃上。车窗外，你只能看到一片雨伞的海洋。人们四处奔跑，溅着水穿过街道躲避这场倾盆大雨。

让人高兴的是，当我们到达市中心的时候，雨小多了。尽管天气不好，但街上的人甚至比前一天更多。

“我们试着待几个小时，”我把Bob从肩膀上放下来，“但是我保证，如果再次开始下雨，我们就回去。”我们向科芬园走去。

沿着尼尔街走的时候，人们又一直拦住我们。我很乐意让他们逗Bob，只要不过分就行。但是我很快就知道不能停下来，否则我还没觉察之前就会被围住。

当我们走到尼尔街尽头，转向詹姆斯街的时候，发生了一件有趣的事。

我突然感觉Bob的爪子在我肩膀上动了动。我还没反应过来，他就从肩膀上滑到了我的胳膊上。我把他放在地上，他就开始拉着绳子在我前面走。他认出了我们所在的地方，并且在给我带路。

他始终走在我前面，一直走到我们前一天晚上所在的地方。然后，他站在那儿，等着我拿出吉他，为他放下吉他盒。

“你又来这一套，Bob。”我说。

他马上坐进了柔软的盒子里，似乎那里才是他该待的地方。他摆好合适的姿势，能够看着周围的人在做什么。在科芬园，确实是这样的。

Chapter 9
赚　钱

我以前有志于成为一名像科特·柯本那样真正的音乐人。虽然现在听起来很傻，但当我从澳大利亚回到英格兰的时候，这确实是我宏伟计划的一部分。

我走之前跟我母亲和其他人都是这么说的。

曾经有一段时间，我觉得自己实际上小有成就。虽然那时候很艰难，但是2002年，我跟其他人一起组建了一支四人吉他乐队，名叫“暴怒乐队”。这个名字恰如其分地反映了我自己的状态。我真的很暴怒，我的音乐是自身怒气和焦虑的一个发泄口。

我们的歌曲躁动、阴暗，跟我们的情绪一样。这么说吧，我们并没有参加格拉斯顿伯里音乐节。

尽管如此，我们还是有一些粉丝，也获得了一些演出机会。伦敦北部有一个大的哥特式场景，我们很适合在那里演出。无论哪里邀请，我们都会去演出。

我们做过的最大的一次演出是在都柏林城堡，那是北伦敦一家著名的音乐酒吧。我们在那里演出过很多次。

对我们来说，事业发展得如此顺利，以至于我和一个乐队成员合作推出了我们的独立唱片公司——腐败驾驶唱片，但是它并没有走上正轨。或者，更准确地说，我并没有认真工作。

2005 年，我终于认清了乐队只能是一个业余爱好，不能以此为生。我当时正在艰难地跟毒品做斗争，随时有可能会再次倒在路边。那是另一次从我指尖滑走的机会。我想我永远都不会知道如果我抓住了那次机会将会怎样。

然而，我永远不会放弃音乐。即使乐队解散后，我也会每天弹几个小时的吉他，即兴创作歌曲。如果没有音乐，我将不知道自己身在何方。最近几年，卖艺挣钱对我的生活来说无疑是至关重要的。

那天晚上是头一天晚上的翻版。我一坐下，或者更准确地说，Bob 一坐下，通常急匆匆从我身边走过的人都开始放慢脚步来逗他玩。

我刚开始弹吉他没多久，一个板着脸的女交警走了过来。她低头看到了 Bob，脸上逐渐展开了一丝温暖的微笑。

“啊，看看你。”她边说边跪下来摸着 Bob。

她几乎没有看我第二眼，也没有往吉他盒里扔钱，但这依然很好。我开始喜欢上 Bob 这种能让人们充满阳光的方式。

他是一个美丽的精灵，这一点是毫无疑问的。但他不仅仅只有这一个优点。Bob 还有其他优点。他生来就有吸引他人关注的特质。人们都能感觉到他身上有种特别的东西。

我自己也能感觉到。他跟人们有着一种不同寻常的友好关系——或者至少，他知道人性本善。

有时，我发现当他看见不喜欢的人时会有一点生气。有一次，一个打扮时髦、看起来很有钱的中东人挽着一位非常迷人的金发女郎走了过去。

“噢，看，多么好看的一只猫啊。”她边说边拉着那家伙的手臂让他停下来。

那家伙轻轻挥着手，不屑一顾，好像在说：“那又怎么样？”

他一这样，Bob 的肢体语言就发生了变化。他轻轻弓起背，挪了一下位置，让自己稍微朝我靠拢了一点。这些变化很细微——但事实上对我来说，很能说明问题。

“这家伙是否让 Bob 想起了以前的某个人？”这对男女走了之后，我对自己说。

我对 Bob 的故事一无所知，但是我永远也不会找到答案，只能靠猜想。

前一天 Bob 吸引人们关注的方式已经让我感到有点奇怪。但是今天，当我来到自己的地盘时，就感到很放松。我觉得我们是安全的，好像我们就属于这儿。

当我开始唱歌，硬币就叮叮当当落入了盒子，我心想："我很享受这一刻。"

我已经有很长时间都没这么说了。

3 个小时后，我们回家时，背包再次因为硬币而叮当作响，甚至响声更大。我们又一次挣到了超过 60 英镑。

这一次，我不打算买昂贵的咖喱食品了。我心里有更多的实际花销。

Chapter 10

休息日

接下来的一天，天气愈发糟糕。因此，我决定不去卖艺，而要跟 Bob 在一起。如果他想像往常一样跟我出去逛逛，那么他就需要一套更好的装备。我不能总是把他套在一根鞋带上带着他到处溜达。撇开其他因素来说，鞋带绳戴起来既不舒服，也很危险。

Bob和我跳上一辆公共汽车，朝拱门的方向驶去。那儿有爱猫中心的伦敦北部分店。

Bob马上感觉到这不是我们此前几天常走的路线。有时他会转过来看着我。

“你今天要把我带到哪儿去？”他好像在问。

他并不是焦虑，而是好奇。

爱猫中心的商店里有各种各样关于猫的装备、玩具和书。

“他真好看！”两名女店员中的一位说道。当她为 Bob 梳理毛发，跟他轻声细语说话时，Bob 就依偎着她。

我解释说：“他闯进了我住的公寓楼。从那以后他就一直跟着我到处走。甚至还跟我坐公共汽车！”

“许多猫都喜欢跟他们的主人一起出去，”一位女店员告诉我，“他们喜欢在公园里溜达，或者在街道上散会儿步。但是我不得不说，Bob 有点与众不同，是吧？”

“是的。”另外一位女店员说。“你给自己找到了一块宝。他很明显已经决定把自己交给你了。”

有时，我不知道自己是否能狠心把 Bob 赶回大街上，或者我把他带回家养着的举动是否正确。爱猫中心两位女店员的话点醒了我。

但如果 Bob 将成为我在伦敦大街上的忠实伙伴，我还真不知道该如何照顾好他。大街上有各种各样潜在的威胁和危险。

“你能做的最好的一件事就是给他配一副像这样的挽具。”一位女店员边说边从钩子上取下一副漂亮的蓝色尼龙挽具、项圈和配套的绳子。“在猫脖子上拴一根绳子不是一个好主意。质量很差的绳子会对猫的脖子造成伤害，甚至会让猫窒息。而质量好一点的项圈又存在一个问题，它们是用弹性材料做的，也被称作‘可挣脱的’项圈，因此如果项圈被挂在某个物体上，猫就有可能逃脱，很有可能在某个时刻你手里

拉着的就是一根空绳子。”

我当然不希望这样的事情发生在伦敦市中心。

“我建议你最好买一副猫的挽具和绳子，特别是如果你总是跟Bob一块儿出去的话。”那位女店员说。

“这会不会让他觉得很不舒服？”我问。

她同意我的疑问：“你只需要小心地帮他戴上，大概需要适应一周左右。一开始，在你们准备一起出门之前，每天提前几分钟给他戴上。然后从那时开始逐步适应。”

挽具、项圈和猫绳需要13英镑，这是他们那儿最贵的装备之一，但是我认为Bob配得上这样一套装备。

一开始，我只是在家里才让Bob戴，有时会给他套上项圈。一开始，他对这条拖在后面的超长皮尾巴有些好奇，但是很快就适应了。

“干得好，老兄。”每当他戴上以后，我都会这么说。表扬他是非常重要的。

几天后，我们开始戴着挽具出门短暂地散步。慢慢地，戴上挽具就成为了他的第二本能。

Bob依然每天都跟着我。

我们从来不在户外待太长时间。即使我觉得他愿意跟我浪迹天涯，即使他总是坐在我肩上，无需走路，我也不会那样做。

在我们一起卖艺的第三个星期，他第一次决定不跟我去了。当我像往常一样准备出门时，他却躲在沙发后面，然后又去暖气片下面趴着。

他大概在说："我要休一天假。"

我能感觉到他累了。

我摸着他，问道："不想出去吗，Bob？"

他以自己独有的方式看着我。

"没问题。"我说。

我在碗里放了些吃的，确保他在接下来的一天时间里不会饿着。我曾听说当主人外出的时候，打开电视机能让宠物们感到没那么孤独。我不知道这种说法对不对，但是不管怎样，我还是打开了电视机。他马上来到了他习惯的位置开始看电视。

那天确实让我十分清楚地感受到 Bob 给我的生活带来的不同。当他跟我在一起时，我无论到哪儿都有极高的回头率。而我独自一人时，再次被人无视。

现在，我们在当地已经很有知名度，许多人都表示了他们的关心。

那天晚上，一名当地的摊主从我身边经过时问道："猫今天怎么没来？"

"他今天休假。"我说。

"哦，很好。我还担心那个小家伙出什么事了。"他笑着，冲我竖起了大拇指。

还有许多其他人停下脚步问了同样的问题。我告诉他们 Bob 很好后，他们就走了。没人像往常 Bob 在的时候那样有兴趣停下来跟我聊聊。我也许不喜欢这样，但我能接受。生活就是如此。

当我在詹姆斯街上卖艺时，我也意识到我无法挣到足够的钱。我花了更多的时间，但挣的钱只有平时跟 Bob 在一起时的一半。但那样也很好。

当我晚上回家时，我逐渐明白了一些事。这些与挣钱无关。我也不再会挨饿。有 Bob 在，我的生活已经变得很富有。有这样一个如此伟大的、如此棒的家伙陪伴左右，是一件多么让人开心的事。这是我的生活重回正轨的一次机会。

在街上卖艺的时候，人们不会给你机会。他们眼里的我只是一个想不劳而获的人。当我靠近他们时，他们并不能理解我是在工作，而不是在乞讨。仅仅因为我没有穿西装打领带，没有拿着公文包或者电脑。但这不意味着我在利用别人的慷慨占便宜。

带着 Bob 一起给了我一个与人交流互动的机会。

他们会问 Bob 从哪里来，我也会解释我们是如何走到一起的，我们还需要挣钱来付房租、吃饭、交电费和燃气费。人们更愿意倾听，并且开始以不同的眼光打量我。

猫是出了名的吹毛求疵的动物。如果一只猫不喜欢他的主人，就会离开另投他处。猫都有这个习惯。

当人们看见我带着一只猫时，他们对我的印象也发生了改变。他让我变得更有人情味儿，特别是我此前曾经是如此没有人情味儿。在某些方面，他让我重新找回了自我。

我以前过着非人的生活。现在，至少我再次开始成为一个正常人。

Chapter 11

两个火枪手

我开始对他人比对自己更负责，这让我感到有点震惊，但是我喜欢这样。Bob 是我的宝贝，确保他吃饱穿暖以及他的安全是我最在意的事情。

但是我依然会担惊受怕。我无时无刻不在为他担心，特别是那些大街上的坏家伙。这是有原因的。

伦敦的大街上并不都是好心的游客和爱猫人士。当我在卖艺的时候，我仍然会无辜被欺负，那通常都是些喝多了的年轻人，想在女朋友面前表现自己。

他们会这样喊："去找个正经工作，你这个长头发的无业游民！"

我不在意这些羞辱。我已经习惯了。但是当他们攻击 Bob 的时候，我的保护本能就发作了。

一个星期五的晚上，我正在詹姆斯街卖艺，一群吵吵闹闹的年轻人走了过去，像是要找麻烦。他们中的几个人发现了 Bob 坐在我身边，就开始逗他，嘴里喊着：“噢！喵！”他们的女伴觉得这样很有趣。

然后，一个人踢了一下 Bob 坐的吉他盒，使得盒子和 Bob 在地上滑了一英寸左右。

Bob 感到非常不舒服。他大叫了一声，几乎是尖叫着跳出了盒子。幸亏他戴着项圈，否则他几乎肯定会在人群中走失。他躲进了我的背包里。

我马上站起来，瞪着那家伙。

“为什么这么做？”我问。我的个头远远超过他，但是好像他并不害怕。

“我只是想看看这只猫是不是真的。”他笑着说。

“真聪明。”我说。

他们都围在我周围，其中一个家伙开始用胸脯和肩膀撞我。我毫不示弱地顶了回去。

“来吧，练练。”我挑衅地说，指了指附近街角的监控摄像头，“你被拍到了。”

你能想象得到他们的表情。他们知道暴力行为被拍下来就无法赖账。他们挥舞着手臂，做着众所周知的各种挑衅姿势悻悻离去了。我并不害怕，实际上，我很高兴把他们赶走了。但是晚上我不能待太长时间。我知道他们是哪类人，他们不会善罢甘休。

这件小事证明了很多。首先，待在监控摄像头附近是个好主意。其次，出事的时候我真的孤身一人，看不见警察，地铁站里的工作人员也没有提供任何帮

助。当这帮小混混围着我的时候，旁边有许多人，但没人帮我。大多数人尽量躲得远远的，匆匆离开。没人会帮一个长头发的街头艺人和他的猫。

“Bob，只有你和我在与全世界抗争，”在回家的公共汽车上，我对他说，“我们是两个火枪手。”

Bob紧挨着我，轻轻咕噜了几声，好像在表示同意。

我们害怕的不只是人。伦敦的大街上还有许多狗，它们中的一些一直都对Bob感兴趣，这一点也不奇怪。幸运的是，Bob看起来没有丝毫不安。他直接无视他们。如果他们来到近前，Bob会瞪着眼睛把他们赶走。

大约在那帮小混混挑事的前一周左右，我刚刚发现Bob在面对一只狗的时候表现得多么游刃有余。

当时是傍晚时分，我们正在尼尔街上，一个人牵着一条斯塔福德斗牛犬进入了我们的视野。斗牛犬发现了Bob，不停地用力拉着身上的绳子。

他只是对Bob感兴趣，或者更确切地说，他只想尝尝Bob身前的饼干。他径直朝放饼干的碗走去，兴奋地嗅了嗅，想尝一两块。

接下来发生的事让我难以置信。

Bob此前一直在我身边安静地打盹。但是当那条斗牛犬伸头凑向他的饼干时，他慢慢站起来，然后用爪子挠了一下狗鼻子。出手速度之快，就好像拳王阿里的重拳一样。

那条狗根本不敢相信发生的一切，只是吓得跳开了。我想我也跟那条狗一样被惊呆了，随后大声笑了出来。

狗主人狠狠打了一下它的脑袋，拉着狗绳走开了。一只猫让他那条面目凶悍的狗看起来如此愚蠢，我想他一定很尴尬。

Bob 继续回到我身边打盹，似乎挠了一下那条恶犬的鼻子就好像是拍死一只烦人的苍蝇一样。这一事件真的给人以巨大的启发。Bob明显不惮于自我保护。实际上，他相当清楚该如何照顾好自己。他是从哪儿学来的？

我再次想起了那些老问题。他是在哪儿长大的？跟我在一起成为第二个火枪手之前，他都有过一些什么样的传奇经历？

Chapter 12
Bob的趣事

跟Bob在一起的日子充满了乐趣。毫无疑问，他的天性中充满了各种各样的怪癖。

即使过了一个月，他依然不喜欢我给他买的便桶。无论什么时候，我把便桶放在他旁边，他都会吓跑。他宁愿憋着，一直到看见我出门，才会下楼去花园里方便。

上下楼并不是件有趣的事——无论什么时候他去方便我都得带他爬五层楼。

几周以后，我对他说："够了，Bob。你得用你的便桶。你得在屋里待上一整天，这样你就别无选择了。"

Bob还是赢了。他一直憋着，等、等、等，一直等到我不得不出门的时候，然后，从我身边挤过去，冲下楼梯来到室外。Bob赢得了这场比赛。这是一场我不可能赢的战斗。

他性格中也有充满野性的一面。他比刚来的时候要安静一些，但仍然会像个大疯子一样在家里到处撕扯，爪子所及之物都可以拿来玩。

一天，他玩了一个小时的瓶盖，在客厅里扔来扔去。还有一次，他在客厅里发现了一只受伤的大黄蜂在咖啡桌上挣扎。每当它从桌子上掉到地毯上，Bob会非常温柔地用牙齿衔起大黄蜂，放回桌子上，然后看着它继续挣扎。这真是一个喜剧场景。他不想伤害那只大黄蜂。他只是想跟它玩。

Bob仍然喜欢垃圾桶。当我带他下楼方便时，他总是会径直冲向垃圾箱。我有一次看见他从一个撕开的垃圾袋里拖出了一块鸡腿肉。我认为他是劣习难改。

Bob依然非常珍惜吃的每一顿饭，似乎这将是他的最后一顿饭。他那大吃大喝的样子好像明天就是世界末日一样。

“吃慢点，对你吃的东西要细嚼慢咽，Bob。”我笑着说。

但这些都没用。我猜他一定是在街头流浪的时间太长，而不习惯每天都能饱饱的吃上两顿。我知道那是一种什么样的感觉。我生命中有相当长的时间也过着同样的生活。我真的不能责怪他。

Bob和我有如此多的共同点，或许这就是我们为什么会如此快地走到一起，并且关系越来越紧密的原因。

Bob 身上的毛掉在家里的每个角落。

春天来了，Bob 正在褪去冬天的毛。他会在家里的任何东西上蹭来蹭去，每到一处都留下厚厚的一层毛。这真的很烦人，但同时也是一个好的信号——他的毛以及身体的其他部分正在逐步恢复健康。他还有一点瘦，但是再也看不到肋骨了。药物帮助他身上秃掉的毛发重新长了出来，抗生素治愈了他的伤口。如果你不知道 Bob 以前的样子，你甚至都不会注意到他身上的这点变化。

总而言之，他比一个多月前看起来健康多了。

我没有给他洗过澡。猫会给自己洗澡。在这方面，Bob 非常典型。实际上，他也是我见过的最注重细节的猫之一。我见过他有条不紊地舔着爪子，自我清洁。这一点让我着迷，特别是这一举动跟他的远古祖先有着非常大的关系。

Bob 的远亲来自热带，从不出汗，因此，他们舔自己也是想通过释放唾液达到降温目的。这也是他们自己的隐形斗篷。

猫的气味很难闻。他们是秘密行动的猎人，随时准备伏击自己的猎物，因此必须尽可能不引人注目。猫的唾液中含有一种天然的除臭剂，这也是他们经常舔自己的原因。动物学家已经证实，猫去除身上的气味之后生存的时间会更长。这也是他们躲避诸如大蛇、蜥蜴和其他肉食动物等天敌的方式。

当然，Bob 的远祖们之所以会舔自己，最重要的原因是为了保持健康。这样做能够杀死身上的寄生虫，如虱子、螨虫、蜱虫，这些寄生虫会对猫造成伤害；舔自己还能防止伤口感染，因为猫的唾液能够杀菌。或许这就是为什么 Bob 会时不时舔自己的原因。他知道他的身体状况很糟糕，这样做有助于伤口愈合。

Bob 另外一个有趣的习惯就是看电视。

一天，当我在当地的图书馆里玩电脑的时候，第一次注意到他也在看着屏幕上的东西。Bob 坐在我腿上，像我一样盯着屏幕看。我注意到当我移动鼠标的时候，他也试图用爪子击打屏幕上的光标。因此，有天，我做了一个试验，打开电视，然后离开客厅去了卧室。当我回来的时候，我发现 Bob 蜷缩在沙发里看电视。

我曾听一个朋友说过他家的猫喜欢看《星际迷航：下一代》。无论什么时候听到主题曲，它都会跑过来跳上沙发。我有几次亲眼目睹，非常有趣。我没有开玩笑。

不久，Bob 也有一点看电视上瘾。他喜欢看第 4 频道的赛马节目，特别喜欢其中的马。我虽然不喜欢看，但是看着他坐在那儿我就会很开心，并为他着迷。

Chapter 13

合法的一家人

我要去做一件负责任的事，给 Bob 植入芯片。

以前给猫和狗植入芯片非常麻烦，但是现在很简单。兽医会在猫的脖子里打入一个小芯片，里面有一串包含了主人信息的序列号。这样一来，如果一只被植入芯片的猫走失，人们就可以通过扫描芯片，找到猫的主人。

考虑到 Bob 和我的实际情况，我需要给他植入一个芯片。假设有一天我们走失了，还能找到彼此。如果我遭遇不测，芯片里的信息也会表明 Bob 曾经有着一个温暖的家。

当我第一眼看见那个芯片的时候，我就知道自己负担不起。大多数兽医植入一个芯片都要收费 60 到 80 英镑，我没有那么多钱。有一天，我在过马路的时候跟那位爱猫女士聊了一会儿。

她告诉我："找个星期四，去伊灵顿·格林公园站那儿的蓝十字中心。他们只收取芯片的成本费。但是你一定要早点去。那儿总是会排起长队。"

当Bob和我在接下来一周的周四一大早赶到伊灵顿·格林公园站时，正如那位爱猫女士所说的，那儿已经排起了长队。幸运的是，当天早晨阳光明媚，晴空万里，多等一会儿也没关系。

许多人都把猫装进了精致的笼子里，狗狗们互相闻着对方，相当惹人厌。Bob是唯一一只没有被装在笼子里的猫，因此他像往常一样吸引了众多关注的目光。

排了一个半小时的队后，终于轮到了Bob和我。

一个年轻的短发护士冲我们笑了笑："早上好。今天能为您做些什么吗？"

"给我的猫植入芯片要多少钱？"我问她。

"15英镑。"她答道。"但是你不用一次性付款。你可以分几周来付清。一周付2英镑怎么样？"

我很惊喜："太棒了！可以。"

她快速给Bob做了体检。Bob看起来好多了，特别是他已经完全褪去了冬天的毛。他有点儿瘦，但行动敏捷。然后护士把我们带进手术室，兽医已经等在那儿了。

"早上好。"他在跟护士交谈之前先跟我们打了声招呼。

我看着他们准备植入芯片的材料。用于植入芯片

的注射器针头让我屏住了呼吸。那是一个老式的大针头。但没有办法，因为芯片有一颗大的米粒那么大。

Bob一点儿也不喜欢那玩意儿，但我不能怪他。他试图挣脱我的控制。

“没事的，老兄。”我边说边挠挠他的肚子和后腿。

当针头扎进去的时候，Bob发出一声巨大的尖叫，就好像一把刀扎在了我身上一样。过了一会儿，他痛得开始发抖，我想我都快要哭了，但是他很快就平静下来了。

“干得好，老兄。”我说。

我从背包里拿出一块小点心喂他，然后轻轻把他抱起来，回到接待区。

“好了，”护士说，“填一下你的个人信息，以便输入数据库，包括你的姓名、地址、年龄、电话号码等等。”

当我看着护士填表的时候，有一个重要的念头刺激了我。

“这是不是意味着我现在是他的合法收养者了？”我问。

“是的。”她笑着说，“难道不好吗？”

“不，这太棒了！”我有一点吃惊，“真的很棒。”

我摸了摸Bob的前额。他显然仍然感到疼痛，因此我没碰他的脖子。他已经划了一下我的胳膊。

我咧嘴笑着说：“你听到了吗，Bob？我们是合法的一家人了。”

当我们后来走过伊灵顿·格林公园站时，肯定比往常吸引了更多的关注。我面带笑容，嘴肯定咧得跟泰晤士河一样宽。

跟 Bob 在一起已经让我的生活变得完全不同。他也让我学会了照顾自己。我不喜欢原来的自己。

我还处在戒毒的过程中，但我并不引以为荣，因此，我去戒毒所以及去药房买美沙酮——美沙酮有助于我戒除毒瘾，从来不带 Bob 一起。这听起来很疯狂，但是我确实不想让 Bob 看到我的过去。并且，在 Bob 的帮助下，我现在真的要彻底告别过去了。我想让自己未来的人生干干净净，远离毒品，我也想过正常人的生活。

在给 Bob 植入芯片的几天后，我发现了一个盒子，里面装满了以前吸食海洛因的工具。我看见它就像看见了一个幽灵，它勾起了很多糟糕的回忆。我看到了自己以前的种种，但我再也不想那样。

我下定决心：“我再也不会把这盒子放在家里。”我不想让它出现在 Bob 周围，即使是被藏起来。

Bob 跟着我去垃圾箱，看着我把盒子扔进了有害废物回收箱里。

我回过身来对 Bob 说：“好了，我要做些早就该做的事情了。”他正在用一种好奇的目光看着我。

Chapter 14

逃跑的艺术家

街头卖艺的生活从来都不会一帆风顺。计划总是赶不上变化。因此当跟 Bob 在一起的第一个夏天行将结束，科芬园卖艺生活开始出现一丝混乱的时候，我也并不惊讶。

对游客来说，Bob 依然善于取悦他们。无论他们来自哪里，都会停下来跟 Bob 说说话。到目前为止，我想我已经听过世界上的每一种语言——从南非荷兰语到威尔士语，也知道每一种语言中的“猫”怎么说。我知道捷克语是 kocka，俄语是 koshka，土耳其语是 kedi，日语是 nedo，还有我最喜欢的中文 mao（猫）。

但是无论何种或古怪或优美的语言，他们说的话都几乎一模一样。每个人都很喜欢 Bob。

有些“当地人”却一直在找麻烦。

“这儿是雕像区！”当我在詹姆斯街上卖艺时，

一个管理者跟我说。

“但这里没有任何雕像。”我边说边指着空荡荡的街道。

“你知道相关规定。”他仍然在喋喋不休。

当我流浪街头时，通常需要灵活变通。因此，每次我都会先离开，去其他地方待几个小时，然后又悄悄地返回詹姆斯街。这虽然有一定的风险，但却是值得的，因为我在这里能挣到更多钱。

地铁站的工作人员也开始抱怨我在他们的工作地点之外卖艺。一天，一个相当讨厌的检票员——穿着蓝制服、满头大汗的大块头——朝我走过来。

Bob很会读人。他很远就能够发现某人来者不善。那家伙刚开始朝我们走过来，Bob就发现了。当他走近时，Bob就已经紧挨在我身边了。

“你最好离开，否则……”那个检票员吓唬我。

“否则什么？”我毫不示弱。

“你会知道的，”他试图威胁我，“我在警告你。”

虽然检票员无权在地铁站外做什么，只是想吓唬我一下，但我还是觉得离开一小会儿更明智。

我先是来尼尔街口，远离了地铁站员工的视线。那儿的人流量没有科芬园那么多。经常还会有一些白痴踢我的包，想吓唬Bob。Bob会蜷缩成一团保护自己，并且无论何时我在那儿卖艺，他的眼睛都会眯成一条缝。他在以自己的方式说：“我不喜欢这儿。”

过了几天后，Bob和我没有像往常一样去科芬园，而是穿过索霍区，来到皮卡迪利广场。

皮卡迪利广场东边有一条路通向莱切斯特广场，那儿对街头艺人来说是个好地方，因此我就去了那儿。我在皮卡迪利广场地铁站的一个主要站口附近找到了一块地方，在雷普利的 "信不信由你" 博物馆外。

到了黄昏和晚上，那儿非常繁忙，街上有成百上千的游客涌向伦敦西区的电影院和剧院。像往常一样，当人们看到Bob的时候，都会放慢脚步，有时会停下来。我们很快就有了可观的收入，但是Bob有一丝紧张，在吉他盒里比往常缩得更紧了。他更喜欢待在一个熟悉的地方。

直到晚上6点，一切都很正常。6点是高峰期的开始，人真的非常非常多。就在那时，博物馆里的一个促销员来到大街上。

他穿了一件大的充气装，使得他看起来有正常尺寸的3倍大，他还在不停地做着手势让人走进博物馆。Bob不喜欢他的样子，我知道真正的原因是什么。那家伙看起来有些畸形。

"嘿，小家伙！" 他穿着古怪的充气装冲Bob打了个招呼，还试图弯下腰来摸Bob。

Bob跳起来冲进了人群，新买的猫绳还拖在尾巴后面。我还没反应过来，他就已经冲向地铁站的进站口方向，不见了。

“他跑了！”我的心狂跳不止，“我丢了他！”

我马上跳起来跟在后面追，都顾不上拿吉他。我更担心 Bob。

很快，我就发现自己淹没在人海中。到处都是结束一天工作的、疲惫不堪准备进地铁站的白领，还有大量在傍晚时分来到西区准备感受夜生活的游客。我不得不在人群中钻来钻去，试图接近地铁站口。

面前这道无止尽的人墙让我根本看不到任何东西。当我成功走下最后一级台阶，来到地铁站大厅时，人稍微松散了一点。虽然依旧是人头攒动，但至少我能够停下来四处张望。我趴在地上到处找。有人奇怪地看着我，但我并不在意。

“Bob，Bob，你在哪儿，老兄？”我大喊。

根本没用。噪音太大了。

我是该进站坐电梯下到站台，还是去其他地铁口找找？Bob 会去哪儿？直觉告诉我他不会去站台，因为我们从来没有去过那儿，并且他也害怕电梯。

因此，我朝皮卡迪利广场的另外几个出口走去。

过了一会儿，我在楼梯上隐约看见一道姜黄色的光闪了一下，然后又看见一根绳子拖在后面。

Chapter 15

失而复得

“Bob！”我又大喊了一声，试图挤过人群，“Bob！”

我离他越来越近，但是人太多了，以至于我觉得我也许还有一英里远。人们源源不断地从楼梯上走下来。

在昏暗的光线下再次看见那姜黄色的身影时我大喊：“拦住他，踩住他的绳子。”但是没人注意，也没人关心。

一会儿那根绳子也消失在视野中。Bob 肯定已经到了地铁站出口，从那儿跑掉了。这个出口通向摄政街街尾。

到目前为止，我脑袋里闪过无数念头，但没有一个是好的。要是 Bob 跑到通向皮卡迪利广场的路上该怎么办？要是有人看见他并且抱走了他怎么办？我跟踉踉跄跄地爬上楼梯，来到大街上，我非常激动，都快哭了。我当时觉得再也见不到他了。

我后悔不已。为什么我不把他的绳子拴在背包上或者系在腰带上？这样他就跑不远了。为什么当那个家伙刚一出现并朝其他地方走过去的时候，我没有发现 Bob 有一丝慌张？

接下来该往哪儿走？我猜 Bob 可能会沿着摄政街宽阔的道路一直走下去。

我开始顺着街道找下去，依然手足无措。

“哥们，你有没有看见一只猫，一只姜黄色的猫？”

我问了每个路过的人。我看起来一定像是疯了。

走了差不多 30 码之后，我看到一个年轻女孩儿背着包从摄政街尽头的牛津街上的苹果零售店出来。她明显是一直沿这条路走过来的。

“请问你有没有看见一只猫？”我几乎恳求地问她。

“哦，是的，”她说，“我看见一只猫沿着这条路跑了，是姜黄色的，尾巴后面还拖着一根绳子。一个男的想踩住绳子抓住他，但是那只猫跑得太快了。”

Bob！我的第一反应是非常高兴。我甚至想亲她一口，但是高兴很快就被担心取代。那个想抓住他的男人是谁？ Bob 有没有被再次吓到？他现在是不是在某个我永远都无法找到的地方？

我沿着摄政街继续找下去，这些新想法在脑子里

急促地闪现。每路过一家商店，我都会把脑袋伸进去。

“你们有没有看见一只姜黄色的猫？”

大部分店员都很吃惊地看着一个长头发的家伙站在他们的店门口。我知道他们在想什么。他们在想我只是一块刚刚从大街上被吹过来的泥巴。

Bob 跑掉之后，我不知道过了多长时间。时间好像突然间过得很慢，我都快要放弃了。

沿着摄政街走了几百码，是一条能够转回皮卡迪利广场的小巷。从那条巷子里，Bob 可以往其中任何一个方向跑掉。如果他跑到那儿，我知道他肯定会走失。

我把脑袋伸进一家女士服装店。

“请问你们有没有看见一只猫？”我绝望地问。

两位店员的脸上露出了笑容。

“一只姜黄色的猫吗？”其中的一位问。

“是的！他戴着一个项圈，拴着一根绳子。”

“他在后面，”其中一位说，“进来关上门，别让他再跑掉了。我们看到绳子，就估计有人正在找他。”

他们把我带到一排打开的衣柜旁。衣柜里满是好看的衣服。每一件的价格都比我一个月的收入还要高。在那儿，其中一个衣柜的角落里，我看见 Bob 缩成了一团。

我想知道他是不是想离开我，也许他已经受够了，也许他不想再让我养他了。当我走近他时，我已经做好了他再次跑掉的心理准备。但是他没有。

我尽量低声耳语："嗨，Bob，是我。"然后他跳上我的胳膊。

随着他发出深沉的呜呜声，不停地在我身上蹭来蹭去，我所有的担心都烟消云散了。

我摸着他："老兄，你把我吓坏了。我原以为会失去你了。"

那两位店员站在旁边看着。其中一位在抹眼睛，快要哭出来了。

"我非常高兴你找到了他，"她说，"他是一只非常可爱的猫。我们当时正在想，如果在打烊之前还没人来找他的话该怎么办。"

她也摸了摸Bob。随后我们又聊了一会儿，直到她和她的同伴锁上收银台准备关门打烊。

Bob坐回我肩上，我们准备回到皮卡迪利广场的人潮中，那两位店员说："再见，Bob。"

当我回到博物馆外时，我非常惊讶地发现我的吉他仍然在原地。也许门边的保安或是当地的社区治安员一直看着它。所有的保安和社区治安员都喜欢Bob。我很开心，但是也并不太在意。能找到Bob就已经很高兴了。

我赶紧收拾好东西，今晚就到此为止了。今天收入不多，但没关系。我掏出身上的大部分现金，买了一个小带夹别在身上，一头连着我，一头系着Bob。这样，我们就能够一直拴在一起了。

在公共汽车上，Bob没有像往常那样坐在旁边的椅子上，而是坐在我腿上。我确切地知道他在想什么，因为我也在想着同样的事。

“我们又重逢了。我希望再也不要分开。”

Chapter 16
圣诞小猫

在皮卡迪利广场事件之后，有一两次 Bob 决定不跟我一起出去。当我拿出挽具，他要么躲在沙发后面，要么躲在桌子底下。他很明显在说："今天不去。"

"好吧，老兄。"我随他去了。

通常情况下，他每天仍然乐于出门。我觉得他现在跟我更亲近了。我们之间已经经受住了考验，挺过来了。我觉得现在他比以往更愿意留在我身边。

当然，并不是每件事都称心如意。在距离皮卡迪利广场被吓跑那一次几周后，科芬园里一群踩着高跷的街头艺人从我们身边走过。他们是传统的法国表演者，脸上画得花里胡哨，很可怕。

Bob 马上感觉到了不安，朝我身边挨得更近了。当我准备弹吉他的时候，他把尾巴放在指板上。

"挪开，Bob，"我说，又朝停下来听的游客说了声“对不起”。

“真有趣！”他们笑了，还以为这是表演的一部分。

踩高跷的艺人走过去之后，Bob又放松下来，到旁边去了。他知道我是他的安全网，我也乐于保护他。

到2007年圣诞节时，我们俩的生活已经形成了规律。

每天早晨我起床时，就能发现Bob在厨房的碗旁边耐心地等着。他先是狼吞虎咽吃完早饭，然后仔细把爪子和脸舔干净。大多数早晨我都让他出门方便。他会自己下楼梯再上来，没有任何问题。然后，我收拾好背包，拿起吉他，我们一起去市里。

离圣诞节只有几天时间了，有人已经给Bob送了小礼物。第一份礼物来自在附近工作的一位中年妇女。

当她第一次停下来跟我们聊天时，她叹了口气说：“我几年前也养过一只姜黄色的猫。Bob让我想起了它。”

一天晚上，她来的时候脸上挂着大大的微笑，手里拿着一个高等宠物商店的漂亮袋子。“我希望你不要介意，我给Bob买了一些小礼物。”她边说边掏出了一个填满猫薄荷的玩具老鼠。

猫一闻到猫薄荷就会兴奋。Bob当然也一样。那

位女士待了一小会儿，高兴地看着 Bob 在玩她买的玩具。

随着天气越来越冷，人们也开始给 Bob 送一些更实际的礼物。

一天，一位俄罗斯妇女笑着走过来。

“天气越来越冷了，我想该给 Bob 织些东西保暖。”她说。

她从包里拿出了一条漂亮的淡蓝色针织围巾。

“哇，”我大吃一惊，“太漂亮了。”

我马上把它围在 Bob 的脖子上，大小刚合适，看起来棒极了。

那位俄罗斯女士非常高兴。一两周后，她又来了，拿着一件与围巾相配的蓝色马甲。即便我不是时尚专家，也能感觉到 Bob 穿上以后特别帅气。人们很快就围过来拍 Bob 穿着马甲的照片。

从那以后，至少有六七个人给 Bob 送了衣服。一位女士甚至在她为 Bob 做的一条小围巾上绣上了“Bob”的字样。Bob 成了一个时装模特。他给“猫步”这个词赋予了新的含义。

这些都再次印证了我已经意识到的东西。我不是唯一一个喜爱 Bob 的人。他几乎能跟遇到的所有人交上朋友。他是我梦寐以求的一件礼物。我从未发现与人交流能够如此容易。

没人比我的朋友贝尔更喜欢 Bob。她经常会来我家坐坐，一方面是出来逛逛，顺便来看看我，但也是为了看 Bob。他们俩能在沙发上玩几个小时。Bob 认为贝尔非常聪明。

在圣诞节前三个星期，贝尔过来了，脸上挂着灿烂的笑容，手里拿着一只塑料购物袋。

“那里面装的是什么？”我问。

她逗我说：“这不是给你的，是给 Bob 的。”

Bob 一听到自己的名字就活跃起来。

“Bob，过来，我要给你一个惊喜。”贝尔边说边拿着购物袋坐在了沙发上。

Bob 好奇地走了过来。贝尔从袋子里拿出了几件动物穿的小 T 恤。其中一件上面有一个可爱的小猫图案。另外一件红色 T 恤上印着一个苗条的绿色小猫，上面还印着“圣诞小猫”几个白色大字，字下面是一只大爪印。

“噢，真酷啊，对吧，Bob？”我笑着说，“现在是圣诞节，穿上它正合适。人们看到都会高兴的。”

确实是这样。

我不知道是因为圣诞节的气氛，抑或仅仅是看到 Bob 穿着这件衣服的缘故，但是效果确实很不错。

几乎每隔一会儿都有人说：“啊，看，它是圣诞小猫。”

许多人都停下来，往我的吉他盒里扔几块钱。其他人还想给 Bob 礼物。

一位非常时髦的女士停下来跟Bob说话："他漂亮极了。他想要一个什么样的圣诞节？"

"我不知道，夫人。"我答道。

"嗯，这么说吧，他需要什么？"她说。

"他需要一套换洗的挽具，或者是大冷天能让他保暖的东西，或者给他一些玩具。每个男孩子在圣诞节都喜欢得到玩具。"

"好极了。"她说完后站起身离开了。

我没想太多，但是后来，大约一个小时后，那位女士又出现了。她微笑着，手里拿着一双手工编织的袜子，前面做成了猫的样子。我往里瞧了瞧，发现里面塞满了各种礼物：吃的、玩具，还有其他小玩意儿。

她摸着Bob说："你一定要答应我直到圣诞节才能打开。在圣诞节早晨，你要把它放在圣诞树下。"

我不好意思告诉她我买不起圣诞树或其他任何装饰品放在家里。我能搞到的最好的就是最近刚从一家慈善商店里发现的一棵USB圣诞树，可以插到破旧的游戏机上。

但是随后我意识到这位女士是对的。我应该好好过一次圣诞节。我需要庆祝一下，因为我有Bob。

我曾经是一个很害怕过圣诞节的人。

在过去十年，我的大部分圣诞节都是在诸如避难所之类的地方度过的，那里会给无家可归者提供圣诞午餐，很有意义，我在那里也会笑一两声。但是这仅仅会让我想起自己所没有的东西：一个正常人的生活和一个正常的家庭。这也让我想到我已经把自己的生活搞得一团糟。

我有一两次是独自一人过圣诞节，我试图忘记母亲在地球的另一端。有几次，我在伦敦南部跟父亲一起过，但过得很不好。他对我并不在意，但我也不能怪他。我不是一个能让他引以为豪的儿子。此后我们再也没有一起过圣诞节。

今年与以往完全不同。平安夜我邀请贝尔过来喝酒。接下来的圣诞节当天，我花大价钱奢侈了一回，买了一道现成的火鸡胸，还有其他各种各样的料理。我给 Bob 准备了一些非常好吃的东西，包括他最喜欢吃的鸡肉。

在圣诞当天，我们早早起来，出门散了会儿步，也让 Bob 去方便。街上有很多人从其他地方来看亲戚朋友。

“圣诞快乐！”擦肩而过的时候，他们会说。

“圣诞快乐！”我们笑着回答。

我很长一段时间都没有这样的经历了。

回到家中，我把那个装满礼物的袜子给了 Bob。

“拿去吧，老兄。”我笑着说。

我把里面的东西一件一件拿出来，有各种各样的吃的、玩具、球类和一些装有猫薄荷的布玩具。他非常喜欢，很快就玩起了新玩具，就像一个圣诞节早晨激动不已的孩子一样。他非常可爱。

下午很早我就开始做午饭，然后给我们每个人都戴上了一顶帽子，此后直到晚上，我们都在喝啤酒、看电视。

这是我多年来过得最好的一个圣诞节。

Chapter 17

蒙冤被捕

2008 年夏天，在伦敦大街上卖艺已经变得越来越难。经济衰退让人痛苦，人们也不再慷慨。

科芬园管理当局也开始严厉打击像我这样在错误的地方卖艺的街头艺人。

“如果你还不走，我就要没收你的吉他！”一个家伙威胁我说。

科芬园地铁站的工作人员也在找茬儿，不许我在地铁站外卖艺。这是一场持久的躲猫猫游戏，但我无处藏身。

一天，我像往常一样带着 Bob 去科芬园。当时我的朋友迪伦住在我家里。

那天下午迪伦问：“我今天能跟你们一起去伦敦市里转转吗？今天阳光明媚，天气不错，我想去感受一下。”

现在回想起接下来发生的事，我都不敢相信当时多么幸运，多亏了迪伦在场。

当我好不容易才刚刚把吉他盒子从肩上放下来时，一辆英国交警的警车停在路边。三个警察从车里跳了出来。

“你跟我们走一趟，”其中一个警察指着我说，“我们怀疑你有危险行为，要逮捕你。”

他们抓住了我。其中一个警察告知了我的权利，另外一个给我铐上了手铐。我的脑袋一阵发蒙，不知道发生了什么事。

“迪伦，你照顾一下 Bob 好吗？”我说，“把他带回家，钥匙在我的背包里。”

看到这一切，Bob 吓坏了。我一直透过警车上的小窗户看着迪伦和 Bob 站在街上，直到看不见为止。

此前我跟警察发生过口角，大部分是因为小偷小摸。当你无家可归、吸食毒品的时候，你就会想着通过容易的方式来找点钱花。我的主要问题就是偷肉。

我第一次被抓是因为从玛莎百货里偷了价值 120 英镑的肉。他们为此罚了我 8 英镑。我很幸运，因为那是我第一次犯事。

一朝堕落，永难翻身。你试图编造谎言为自己开脱，但是他们也不再相信你。当你做坏事以后，这就是一个恶性循环。

现在我又惹上麻烦了，感觉就像是肚子上被踢了

一脚。

我在警察局的拘留室里待了大约半个小时之后，门突然打开了，一个穿着白衬衫的警察把我押了出去。我被带到一间空荡荡的房间里，只有几把塑料椅子和一张桌子。

我面前坐着几个警察。

“昨天晚上6点半你在哪儿？”一个警察问。

“在科芬园卖艺。”我说。

“昨天晚上你有没有进过地铁站？”那个警察又问。

“没有，我从来没去过。”我答道，“我都是坐公共汽车。”

“有两个目击者看见你从地铁里走上自动扶梯，试图无票通过地铁闸机。”

“啊？我说了，那不可能是我。”我说。

“当你被拦住时，你辱骂了一位女性工作人员。”

我坐在那儿摇头。这真是咄咄怪事。

他继续说：“你被带到售票厅，被要求补票。你不情愿地买了张票，然后朝售票亭的窗户上吐了口痰。”

我再次重申：“我说了我昨天晚上没去地铁站。我从来没去过那儿，并且我也不坐地铁。我和我的猫每天都坐公共汽车。”

他们只是看着我，好像我在撒一个弥天大谎。

如果这是一个陷阱该怎么办？如果上法庭我被指

控跟三四个伦敦地铁工作人员发生了争执该怎么办?

最糟糕的是，Bob 怎么办？谁来照顾他？他会不会再次流浪街头？那样的话他会变成什么样子？想到这些就让我头大。

他们继续关押了我两三个小时。我不知道几点了。

不知道过了多长时间，一个女警察对我说："我要给你做一个 DNA 测试。坐好，我要用棉签从你嘴里取一些唾液。"

终于，我被放了出来，带到警察局门口的桌子旁，在那儿签字。

桌子后面的警察说："你两天后还要再来一趟。那时候你就会知道我们会不会起诉你。"

回到家后，迪伦正在看电视，Bob 像往常一样在暖气片下面缩成一团。我刚一进门，Bob 就跳了起来，朝我走过来，脑袋歪向一边看着我。

"你好，老兄，没事吧？"我跪下来摸着他。

他马上爬上我的膝盖，开始蹭我的脸。

我跟迪伦聊到很晚，试图搞清楚发生了什么事。

"老兄，他们没办法把那人的 DNA 变得跟你的一样。"迪伦安慰我说。

我希望如此。

当天晚上和第二天晚上我都时睡时醒。虽然我要在中午去警察局报到，但是我早早就出发了，以防迟到。我不想给他们落下任何口实。我把 Bob 放在家里，以防万一我再次被关上几个小时。

"别担心，老兄，要不了多久我就会回来。"我走的时候如此安慰 Bob。要是真的像我自己所说的就好了。

在警察局里，我很难集中精力。最后，我被带到了一间房间里，几个警察正在等着我。

"你应该很高兴听到我们不会起诉你。"一个警察说。

"我的 DNA 跟售票亭上唾沫的 DNA 不相符，对吧？"我问。

他只是笑着看了我一眼，没说话。

如果这是好消息的话，那么紧接着就是坏消息了。

另外一位警察说："然而，我们会告你非法卖艺，一个星期后向法庭起诉。"

我离开警察局，感觉松了一口气。非法卖艺不像危险行为那么严重。我有可能会交一小笔罚款，并且接受批评教育，其他就没有了，而危险行为有可能会蹲监狱。

下午回家的路上，我一方面想讨回公道，但主要感觉是自己没事了，翻过了一个坎儿。我依然不知道发生了什么。

我前往公民咨询中心，为庭审咨询一些法律建议。他们提供的建议非常直截了当，我需要承认非法卖艺：简单明了。我仅仅是希望地方法官不要憎恨街头音乐家。

开庭当天，我换上一件干净的衬衫，刮了刮胡子，然后就去了法院。

“詹姆斯·波文，法庭传唤詹姆斯·波文。”一个圆润的声音喊着。我深吸了一口气，走了进去。

地方法官看着我，好像我是一个糟粕。但是他们不能对我做什么，特别是这是我第一次因卖艺而犯罪。

“但是如果你再犯，你将会面临罚款或更严厉的处罚。”他们警告我。

庭审结束后，贝尔和Bob在法庭外等我。Bob马上从贝尔的腿上跳下来，朝我走过来。他明显很高兴看到我。

“怎么样？”贝尔问我。

“如果再被抓的话，就要接受处罚了。”我说。

“那么你接下来想怎么办？”

我看着她，然后低头看看Bob。

“我不知道，贝尔，但是我知道我不能再卖艺了。”

Chapter 18

第683号销售员

接下来几天，我的脑袋都很晕。部分是因为我依然对发生在我身上不公平的事件很生气。但是与此同时，我也意识到自己是因祸得福。我将终身不再在街头卖艺。

那么，我该怎么才能挣钱？我没有任何资格证书。我会用电脑，但是我过去十年间并没有为谷歌或者微软工作的经历。总之，当需要找一份普通工作的时候，我是一个毫无机会的人。无论什么样的普通工作都不行。

我需要挣钱养活自己和Bob。因此，在庭审结束几天后，我带Bob一起去了科芬园，近几年来第一次没有带吉他。当我来到广场时，我去找一位名为萨姆的女孩儿。她是《大志》(*Big Issue*)杂志的协调员。

此前，当我第一次露宿街头的时候，曾试过卖《大志》杂志。我卖了不到一年，最终放弃了。

我仍然记得卖杂志是多么困难。我经常风餐露宿坐在街头，想尽量卖掉手头的杂志。这是一件非常辛苦的工作。

“去找一份工作！”他们冲着我喊。

但卖杂志就是一份工作。你在做自己的事情。人们认为《大志》杂志是免费提供给销售员的，但事实并不是这样。我需要自己买杂志来卖。“你必须先有钱，才能挣到钱。”这句话对《大志》杂志的销售员，跟对其他任何人都有着同样的含义。

我从未想过会再次尝试卖杂志。但是我现在必须要为 Bob 考虑。

“你们好，两位。”萨姆认出了我们，并且友好地拍了拍 Bob。“今天不卖艺吗？”

“警察找了点麻烦，”我说，“我现在不能再冒险了，因为我需要照顾 Bob，对吧，美女？因此，我想问一下自己是否能销售《大志》杂志？”

萨姆笑着说：“你符合标准吗？”

只有一个像我这样接受短期安置的人才有资格卖这份杂志。我点点头。

萨姆说：“《大志》杂志总部在沃克斯霍尔，去那儿找他们。一旦你被录用了，就来这儿，然后我们就能让你上岗了。”

在回家路上，我对 Bob 说：“我们最好打扮一下，

Bob。我们将要参加一场面试。”

负责给我安排住处的社工给我开了一纸证明，证明我接受了短期安置，销售《大志》杂志能够更好地帮助我的生活再次回到正轨。接着，我自我修饰了一番，扎起了头发，穿上一件得体的衬衫，让自己看起来大方端正，然后去了沃克斯霍尔。

我把 Bob 也带上了。Bob 是我的团队一分子，所以我想让他也能够获得注册。

当我来到《大志》杂志总部时，首先注意到一个醒目的标志上写着“禁止狗入内”。然而，它并没有说猫也不得入内。

面试我的是一个看起来很亲切的男士。我们聊了一会儿。几年前，他也曾经露宿街头。

他说：“詹姆斯，请相信我，我知道那是一种什么滋味。去拍个照，然后拿上岗证吧。”

我去了隔壁的一间办公室，看到一个正在制作上岗证的家伙。

“我的猫也能有一张上岗证吗？”我问。

他做了一个鬼脸，大发慈悲。

“好吧。”他说。

当我们坐在照相机前时，我说：“笑一个，Bob。”

在等了一刻钟之后，那家伙回到了办公桌前。

他递给我一个上岗证：“拿去吧，波文先生。”

照片里的我笑得非常开心。Bob 在我左手边。我们是一个团队：《大志》杂志第 683 号销售员。

回托特纳姆的路途很遥远，因此我在路上看着他们发给我的小册子来打发时间。这次我决定要比上一次更加认真地对待这份工作。

《大志》杂志是为了给无家可归者和短期安置者一个机会，通过向公众销售杂志而挣到合法的收入。我们相信“授人以鱼，不如授人以渔”，并且相信让人们自主掌握自己的命运。

我对自己说：“这正是我想要的，‘授人以渔’。”

一旦他们卖出了这些杂志，他们就能够购买更多的杂志。他们的进价是 1 英镑，售价 2 英镑，因此每份杂志可以挣到 1 英镑。

每个人都必须认真考虑他们的销售和回款。这些技能与通过销售杂志而获得的自信和自尊一起，对于帮助无家可归者重新回归主流社会是极其重要的。

一开始，我必须在一个“试卖摊位”销售。如果

卖得不错，我就能获得一个固定销售点。我拿到了10本免费杂志，开始试卖。接下来一切都要靠自己了。

第二天在科芬园，萨姆问我："在沃克斯霍尔一切都好吗？"

"他们给了我这个东西。"我笑着，并自豪地从外套里拿出了我的上岗证。

萨姆看到我和Bob的照片笑着说："那么我就要让你开工了。"

她拿出10本属于我的免费杂志。

"你去那里。"她说，"你知道这些杂志卖完之后就需要自己掏钱买了吧？"

"是的，明白。"我答道。

我不敢相信萨姆接下来说的话。

"你的试卖摊位就在那儿。"她指着科芬园地铁站说。

我忍不住大笑起来。

她疑惑地看着我："有什么问题吗？我可以给你换个地方。"

"不，那儿挺好。"我说，"让我找回了往昔的记忆。"

我马上就开工了。那会儿是上午，周围有很多人。

阳光明媚的天气也使得人们情绪上佳，出手也更加大方。

卖杂志跟卖艺完全不同。我有着合法的上岗证，因此我尽可能地靠近地铁站，在那儿全力卖着我的10本杂志，就差没走进去。

我想：“地铁站的工作人员不能找我的麻烦了，即使他们想找麻烦也不行。”

我知道他们让我来这儿试卖，是因为这是一个噩梦般的地点。进出地铁站的每个人都脚步匆匆，他们需要赶往某地或见某个人。通常，一个《大志》杂志销售员能够在每一千个从他们面前经过的人中拦下一个就很不错了。我曾经亲眼目睹过。

但是我不是一名普通的《大志》销售员，我有一个秘密武器，他已经在科芬园施展过法术，接下来他将要在这儿施法。

我把Bob放在地上，紧挨着我，他可以在那儿安心地坐着，看着周围的一切。许多人急匆匆走过，并没有注意到Bob，但是注意到他的人也不少。

很快，几个年轻的美国游客停下来，指着Bob。

“啊哈，”他们中的一个女孩儿说着就伸手去拿相机。

“我们能给你的猫拍张照片吗？”另外一个人问。

我为他们礼貌地询问而感到高兴：“当然可以。你们能顺便买一本《大志》杂志吗？这将让Bob和我

今晚填饱肚子。”

“哦，没问题。”第二个女孩儿说，看起来有些不好意思，因为他们没有想到这一点。

“如果你们不愿意也没关系。这不是强制性的。”我说。

但是我还没来得及说其他的，她就已经给了我5英镑。

“不用找了，给你的猫买点好吃的。”她笑着说。

头一个小时，我卖出了6本杂志。

大部分人都按照售价付钱，但是一位打扮时髦的年长绅士给了5英镑。我知道自己的决定是正确的。今后的路将会起起伏伏，但是感觉到自己已经朝新的人生道路迈进了一大步。

两个半小时后，一件让我心情更好的事情发生了。那个体型壮硕、浑身流汗、总是找我麻烦的地铁站票务员看见了Bob和我。他马上朝我们这边走过来，脸上红得跟甜菜根一样。

“你在这儿干什么？”他吼着，“我还以为你已经被关起来了。你知道这儿不能待。”

我缓慢而从容不迫地拿出了《大志》杂志的上岗证。

“我只是在工作，老兄。”我边说边欣赏着他脸上的表情，“我建议你继续回到自己的工作岗位上去。”

Chapter 19

完美的销售点

成为一名《大志》杂志销售员对我和Bob的生活产生了立竿见影的影响。它使得我们的生活更有组织性。

前两周的星期一到星期六，Bob和我都在科芬园工作。我们待在那里直到卖完一批杂志。接着，每个星期一早晨，新的一期杂志就会出来。

跟Bob在一起已经让我懂得了关于责任的意义，但是为《大志》杂志工作让我对这个意义的理解提升到了一个新的水平。从最初的半个月开始，我就不得不像做生意一样经营自己的销售点。我应付新需求的方式让自己都感觉到惊讶。

《大志》杂志没有卖不完无条件回收一说。这就意味着，如果你买了太多的杂志，你可能会损失惨重。没人愿意在星期六晚上手里还囤积着50本杂志，因为星期一新的一期杂志就出版了。但是如果你买的杂志太少，就有可能会因为很快销售一空而失去潜在的买家。

这需要一段时间来找到平衡点。

Bob 和我实际上挣得比卖艺的时候更少，但这是值得的。我现在在街头合法工作。如果被警察拦住，我就可以出示我的上岗证，然后平安无事地走开。从那次被交警逮住之后，这对我来说意味着很多。

接下来几个月在地铁站外卖杂志的时间过得飞快。

2008 年初秋的一个早晨，一个衣着光鲜华丽的家伙走了过来。我肯定他是一个美国摇滚明星。他看起来的确像某个人。

“这猫真酷。”他带着一种大西洋彼岸的口音。

他蹲着摸了 Bob 几分钟。“你们俩在一起很长时间了吗？”他问。

“到现在差不多有一年半了。”我告诉他。

他笑着说：“你们俩看起来真像一对亲兄弟。就好像你们注定要属于彼此。得走了，回见。”

他把手伸进夹克的口袋里，拿出一团纸币。接着他递给我 10 美元。

“不用找了，”他说，“祝你们有美好的一天。”

“我们会的。”我答应他，并且我们确实过得很不错。

在街头工作并不总是充满甜蜜和阳光的。那儿不是一个互相照顾的社区，而是一个人人都争当第一的世界。但是，至少一开始，绝大多数《大志》杂志的销售员看到我这个新人的肩膀上坐着Bob时，都很客气。

街上有很多小贩带着狗。但是就我所注意到的，科芬园——或者伦敦的其他地方——此前从没有一名《大志》销售员带着猫。

一些小贩对我们相当友好。

他们问我：“你们俩是在哪儿碰到的？他从哪儿来？”

当然，我依然不知道这个问题的答案。Bob是一张白纸，一只神秘的小猫。他似乎能让每个人都喜爱他。

有Bob在身边，我发现情形好的时候可以销售30本杂志，甚至能达到50本。每本售价2英镑，总收入很可观，特别是有些人还给我——也许通常是给Bob——小费。

一个初秋的傍晚，Bob坐在我的背包上，尽情地享受着当天的最后一缕阳光。此时，一对穿着考究的情侣路过地铁站去电影院，也许是去歌剧院。男士穿着晚礼服，打领结，女士穿着一身黑色丝质连衣裙。

当他们停下来盯着看Bob的时候，我说：“你们俩看起来非常时尚。”

那位女士说：“他真漂亮。你们在一起很长时间了吗？”

我答道：“有一段时间了。我们是在大街上遇到了彼此。”

“真不错。”那位男士说着，突然掏出钱包，拿出一张20英镑纸币。“不用找了。”他笑着看身边的女伴。

女士意味深长地看着他。我觉得他们是初次约会。他们离开的时候，我注意到那位女士斜靠在男士身上，挽着他的胳膊。

这是第一次有人给我20英镑。

这儿非但不是一个“噩梦般”的销售点，科芬园地铁站对我和Bob来说实际上是一个理想地点。但是其他一些销售员发现我们卖得很好，就很嫉妒我们。第二个星期，我就注意到了他们对我们的态度发生了一些微妙但明显的变化。

在我们两周的试用期结束后，萨姆说：“你们俩该去固定销售点了。你可以去尼尔街和修士花园的转角处。那儿离得不远。”

我有点失望，但并不惊讶。不过这一次我什么都没说，坦然接受了。

我对自己说：“直面挑战，詹姆斯。”

Chapter 20

身体不适

那年的秋天寒冷潮湿。凄风冷雨很快就将树上的叶子扫光了。

一天早晨，当 Bob 和我在去公共汽车站的路上时，正下着蒙蒙细雨。Bob 并不喜欢下雨。他似乎在以慢动作行走。

我想："也许他在犹豫今天是否要跟我一起去。"

一大片黑压压的乌云在伦敦北部上空徘徊，就像一艘大型外星飞船一样，几乎可以肯定将有一场大雨。我很想改变主意，但是周末快要到了，我们手头的钱不够度过周末。

我对自己说："要饭的哪能挑肥拣瘦？"

Bob 仍然在以龟速前进。我们花了两分钟才走了 100 码。

"来吧，老兄，上来。"我说。

他爬上我的肩膀，我们吃力地去赶公共汽车。

雨越来越大了。我们独自赶路，在任何经过的棚子下面躲雨。但是我们上车后，我意识到 Bob 精神萎靡不振不仅仅是因为天气。

坐公共汽车通常是Bob一天中最喜欢的事情之一。无论我们坐多少次，他都不厌其烦地把脸贴着车窗玻璃。但是今天，他甚至都不想坐在靠窗的位子上。相反，他在我腿上缩成一团。他看起来有点累，无精打采，昏昏欲睡，眼睛已经半闭了，明显不似往常的敏捷状态。

我们在托特纳姆法院路下车时，Bob 的情况明显变得更糟了。当我们沿着尼尔街走时，他开始在我肩上做出一些奇怪的举动。他在抽搐并且摇晃着身体，而不像通常那样乖乖地坐在我肩膀上。

"你没事吧，老兄？"我放慢了脚步。

突然，他开始焦虑不安，发出奇怪的干呕的声音，好像要被窒息一样，或者是试图清嗓子。我知道他想跳下来，也许会摔下来，因此我把他放在地上，看看到底怎么了。

我还没来得急蹲下来，他就开始呕吐了。吐出来的没有固体，只有胆汁，但是一直吐个不停。我看他吐的时候，身体在剧烈抽搐，努力吐出那些让他不舒服的东西。当时，我觉得是否是由于今天一直在四处奔波，而让他感到恶心反胃。

但是他再次变得病怏怏的，吐出了更多的胆汁。

这就不仅仅是因为四处奔波造成的了。

所有疯狂的想法都涌进了我的脑海中。他是不是吃了什么不该吃的东西？这些东西会不会让他病得更严重？他会在我面前死掉吗？Bob死亡的样子在我脑子里一闪而过。我努力让自己清醒起来，不去想那些不该想的事。

我对自己说："加油，詹姆斯。让我们理智一点。"

不停地呕吐意味着Bob有可能脱水。如果我什么都不做的话，他身体的器官也许会受到损伤。因此我把他抱起来，前往科芬园，我记得那附近有一家杂货店。

我身上没有太多现金，但是我凑了凑，还是够买一份Bob喜欢的鸡肉餐和一些矿泉水。我不想冒险让他喝不干净的水。那样可能会让情况变得更糟糕。

我带Bob去了科芬园，把他放在我们的固定销售点附近。我拿出他的碗，用汤匙取出鸡肉放在碗里。

"吃吧，老兄。"我把碗放在他面前，摸摸他。

通常，Bob都会立刻猛扑过去大吃大喝，但今天没有。我心里开始打鼓。这不是我所熟知和深爱的Bob，一定有哪儿不对劲。

我心不在焉地开始卖杂志。我们需要钱度过接下来的几天，特别是如果我要带Bob去看兽医的话。但是我的心思已经不在卖杂志上了。我把更多的精力放在照顾Bob上，而不是试图吸引周围的路人来买杂志。

我今天只卖了不到两个小时。Bob的情况明显不佳。我必须带他回家，那儿温暖干燥。

到目前为止，我都很幸运能跟Bob在一起。自从我收养他的那一刻起，他的健康状况一直很好。一开始他身上有跳蚤，但那对一只街猫来说很正常。从那以后，他就再也没有生过病。因此这对我来说是一个陌生的领域。我担心他会不会得了更严重的疾病。

在坐公共汽车回托特纳姆的路上，Bob坐在我腿上，我心头五味杂陈，唯一能做的就是努力不再让自己掉眼泪。Bob是我生命中最宝贵的东西。失去他是一件很可怕的事情，但这个念头一直萦绕在我脑海中。

到家后，Bob在暖气片下缩成一团，直接睡着了。他在那儿待了好几个小时，甚至都没跟我去床上睡觉。

当天晚上，我都没怎么睡好，一直在担心Bob。我不停地起来看看他怎么样。有一次，我误以为他没有呼吸了，伸出手去摸摸他，确认了一下。当我发现他在轻声呼吸时，长出了一口气。

由于钱不多，我第二天还得出门卖杂志。我是应该把他独自留在家中呢，还是该把他穿得暖暖的带着一起去市里，以便我能照顾他？

我不知道该怎么办。

Chapter 21
略有好转

第二天早晨，天气稍微有些好转，太阳也出来了。Bob 看起来恢复了点活力。

我问他："你想吃点东西吗，老兄？"

当我给他准备早餐时，他咬了一口，比昨天更有劲一点。

我依然不知道该怎么办。于是，我去当地的图书馆，在电脑上搜索 Bob 的症状。

我现在都忘了在医学网站搜索是一个多么馊的主意。他们通常给出的都是最糟糕的症状。

当我输入主要症状——无精打采、呕吐、没有胃口等等，马上就跳出来许多可能的疾病。我看了 15 分钟后，自己变得极度紧张。

我决定寻找最好的治疗呕吐的方法。我找到一个网页，上面建议大量饮水，多休息，并且严密看护。

这正是我所做的。我已经连续一整天都在照顾他。如果他还吐的话，我就要马上带他去看兽医。如果不吐的话，我就准备星期四去蓝十字中心。

我在家里一直待到黄昏时分，让 Bob 能好好休息一番。他像根木头一样睡着，蜷缩在最喜欢待的地方，看起来情况还可以，因此我决定离开三四个小时去卖一些杂志。我别无选择。

回到科芬园之后，人们看到我独自一人，都很关心。

“Bob 呢？”他们问。

“他生病了。”我答道。

“他没事吧？”

“严重吗？”

“他有没有去看兽医？”

“他独自在家行吗？”

我不知道。

我突然想起来我认识一位名叫罗斯玛丽的兽医护士。她的男朋友斯蒂夫在一家漫画店工作，我们偶尔去那附近卖杂志。

我急匆匆地走进那家漫画店。

我对斯蒂夫说，“Bob 生病了。你觉得我可不可以给罗斯玛丽打个电话咨询一下？”

“罗斯玛丽不会介意你给他打电话的，”斯蒂夫说，“特别是关于 Bob 的事。她很喜欢 Bob。”

当我给罗斯玛丽打电话的时候，她问了我许多问题。

“他吃了什么？他在外面有没有吃过什么其他的东西？”

“嗯，他去翻过垃圾箱。”我说。

这是 Bob 一个屡教不改的习惯。你可以让猫远离大街，但不能让大街远离猫。

罗斯玛丽说：“嗯，这有可能就是病因。”

她开了一些药让 Bob 缓和胃部不适。

她问：“你的地址在哪里？我一会儿给你送过去。”

我吃了一惊。

“哦，罗斯玛丽，我可能付不起药费。”

“不用担心，你不用花一分钱。我待会儿要到那附近送东西，可以顺便给你捎过去。”她说，“今晚行吗？”

“行，太好了。”我说。

我感激不尽。在过去几年间，我的生命中从来没有遇到过如此友善的举动。这是 Bob 给我带来的最大的变化之一。多亏有了 Bob，我才能重新发现人性中善的一面。我再次开始信任他人。

罗斯玛丽说到做到。她当晚早早就来了，我马上给 Bob 喂药。

Bob 不喜欢药的味道。当我给他喂药的时候，他就转过脸去。

“很不幸，老兄。”我说，“如果你没有去翻垃圾桶，你也就不用吃这个了。”

药物很快起了作用。当天晚上 Bob 睡得很香，第二天早晨恢复了点活力。我必须用手固定住他的脑袋，才能让他把药吞下去。

到了星期四，Bob 已经好多了。但是为了以防万一，我还是带着 Bob 去了伊灵顿公园的蓝十字中心。

“让我们来给 Bob 做个快速检查。”值班护士说。

她给 Bob 称了体重，还让他张开嘴巴检查了一下，觉得 Bob 的身体没什么问题。

“一切正常。”她说，“我认为他正在逐步恢复。Bob，千万别再去翻垃圾桶了。”

Bob 的生病对我造成了很深的影响。我此前从未想过 Bob 会生病。当发现他如此脆弱时，真的把我吓到了。

这件事强化了我近段时间以来的一个想法，是时候该彻底戒毒了。

我受够了我的生活方式，厌倦了那种随时都有可能重新吸毒的担心。

我去咨询了我的辅导员。

我告诉他：“我想戒掉美沙酮。我再也不想吸毒了。”

此前我们曾讨论过此事，但是我觉得他从来都没有真的相信过我。今天，他知道我是认真的。

他说："詹姆斯，这并不容易。"

"是的，我知道。"

"一开始,你需要服用一种叫做丁丙诺啡的药物。"他说，"然后我们将会逐步减少剂量，直到你再也不需要服用任何药物。"

"好的。"我说。

他警告我说："过渡期会很难受。你会经历痛苦的断瘾症状。"

"那是我的问题。"我说，"但是我想戒毒。我这么做是为了自己，也是为了 Bob。"

多年来，我第一次能够看见一条漆黑的隧道前闪现出一丝微弱的亮光。

Chapter 22

黑名单

在一个湿冷的星期一早晨，当 Bob 和我一到科芬园的协调员处时，我就发现有点不对劲。

萨姆通常都会跟 Bob 打招呼，还摸摸他，但今天没有。相反，她用手戳了戳我。

她神情严峻地看着我，说："詹姆斯，我听到其他销售员的一些抱怨。有人看见你在科芬园周围'兜售'。"

"兜售"意味着当你在大街上四处走的同时也在卖杂志。这违反了《大志》杂志销售员的守则。你只能在你的固定销售点卖杂志，其他任何地方都不行。其他销售员认为他们看见我在带着 Bob 溜达的同时也在卖杂志。

"这不是真的。"我说。

但是我知道他们为什么会这么想。

无论我们去伦敦哪里，Bob和我都会被人拦住，人们想摸摸他，或者给他拍照。现在，唯一的不同是，人们有时会主动要求买一本杂志。

很容易就能猜出是谁打的小报告。

有一次，我们走在长亩街，在经过一个名叫杰夫的销售员的摊点时，一对年长的美国夫妇拦住了我和Bob。

那位丈夫问我："对不起，先生。我能为您和您的伙伴拍张照片吗？我们的女儿很喜欢猫，她如果看到这张照片会很开心。"

"没问题。"我笑着说。好几年都没人喊过我"先生"了——难得！

我已经很习惯配合游客拍照，因此，我给Bob设计了几个造型，让照片拍出来更好看。我会把他放在右肩，脸紧贴着我的脸，看向前方。那天早晨，我又摆出了这个造型。

"哦，我们非常感谢您！"那位妻子说，"我们的女儿看到这些照片肯定会非常高兴。我们能买一本杂志吗？"

我指了指几米远的杰夫："对不起，不行。他是这个区域《大志》杂志的官方销售员，所以你们要从

他那儿买。”

“那就改天吧。”那位丈夫说。

他们准备离开。但紧接着，那位妻子靠近我，往我手里塞了5块钱。

“拿去吧，”她说，“给你自己和你这只可爱的猫买点吃的。”

“嘿！”当那对夫妇离开后，杰夫喊道。他跳起来，看起来很生气。“你在干吗？抢钱吗？你以为你是谁，在告诉人家忽视我吗？这是我的地盘！”

我知道这很糟糕。

“事情不是你想象的那样。”我试图解释。

但是太晚了。

他尖叫着：“滚开，你和你的臭猫！小偷！骗子！”

谣言在其他的销售员那里传开了。很快，他们开始有计划地造谣中伤我。

一开始是冷嘲热讽。

“又在兜售？”

“你和你那只赖皮猫今天想抢谁的生意？”

我一直试图解释，但那就像对牛弹琴。

我真的很心烦。我尽了巨大的努力想与科芬园的其他销售员打成一片，三番两次想解释在Bob身上发生了什么，但是毫无用处。其他人都是一只耳朵进一只耳朵出。

萨姆生气地告诉我："在跟总部解释清楚之前，你将被停职。你不能兜售，詹姆斯。这违反了守则。"

就这样，我上了"黑名单"。

当晚，Bob 和我吃过晚饭就早早休息了。Bob 蜷缩在床脚，我则缩在被子里，绝望地盘算接下来该怎么办。

如果我去了总部，会不会被永久停职？我已经不能卖艺了，不能再失去这份工作。

我被吓住了，决定不去总部。相反，我会在伦敦的另外一个协调员那儿碰碰运气。这很冒险，因为我已经被证实宣布停职了。但是我认为值得冒险。

我选择了牛津街去碰碰运气，那儿我遇到了一些过去认识的人。我掏出上岗证，买了 20 本杂志。那个家伙的注意力完全集中在其他的事情上，因此几乎没注意到我。我不能停留太长时间，怕他认出我。我找到了一个地方，那儿似乎没有其他人在卖杂志。我决定尝试一下。

那天，我成功地卖出了可观数量的杂志——第二天也一样。我总是不停地换地方，不但疑神疑鬼，还害怕会失去工作。

发生的这一切让我对 Bob 感到抱歉。他有些紧张，

并且迷失了方向。他喜欢稳定有序的生活，而不是充满混乱和不确定性。我也一样，但是我又有什么办法呢？

一天晚上坐公共汽车回家的时候，我问Bob：“为什么这一切发生在我们身上？我们没做错任何事情，为什么我们不得消停呢？”

Chapter 23

彻底改变

一个星期六的傍晚，我在维多利亚车站附近的某条街上，躲在一把破旧的雨伞下。此时此刻，Bob“告诉”我，我犯了一个错误。

雨持续下了 4 个小时，没人会停下来买杂志。我不能怪他们。他们只想着躲雨。

这种打游击卖杂志的方式并不顺利。Bob 和我已经在牛津街站、帕丁顿站、国王十字站、尤斯顿站和其他几个地铁站附近的街上转来转去。

一个警察警告我说：“这是我第三次让你离开，我现在给你一个半官方的警告。下一次再见到你就要被逮捕了。”

那天，在维多利亚地铁站，光线越来越暗，雨仍然下个不停。

我抱起 Bob：“老兄，去其他地方试试。我们必须要卖掉这些杂志。到了星期一他们就过期了，那时候我们就真的麻烦了。走吧。”

到目前为止，Bob都很乖，哪怕是在阴冷的天气下也依然如此。即使他不喜欢冬天湿漉漉的感觉，他还是被路过的汽车和行人溅了一身的水。但是当我试图在第一个街角停下来时，他却像小狗一样拉着绳子，拒绝停下来。

“好的，Bob，我知道了，你不想在这里停下来。我们去其他地方试试。”

在下一个地点，他还是这样；再下一个地方依旧如此。我恍然大悟。

“你想回家，是吧，Bob？”我问。

他把头对着我，好像冲着我扬起了眉毛，然后停了下来，他的表情好像在说：

“是的。不要再待下去了。我想让你抱着。”

那一刻，我下定决心。Bob总是忠心耿耿地跟在我身边，尽管生意很不好，他碗里的食物也比以前少了。现在，我也必须对他忠诚，让我们的生活回到正轨。

我必须去总部面对惩罚。为了我，也为了Bob。我不能再这样对他了。

星期一早晨，我洗漱干净，穿上一件得体的衬衫，

前往沃克斯霍尔。Bob 跟着我。

我们等了 20 分钟，然后一个年轻人和一个年长的女士把我们带到一间普通的办公室。

“关上门。”那位女士说。

我屏住呼吸，等待着听到最糟糕的消息。

他们狠狠地训斥了我一番。

“我们接到报告说你在四处兜售杂志，并且还有乞讨行为。”他们说。

我试图解释：“我确实很难办。因为 Bob，人们都会拦着我，并且给我们钱，或者是要买杂志。一直都是这样。如果我拒绝卖杂志给他们，会让人觉得很不礼貌。”

他们带着同情的表情听着，对我说的一些话也点头表示同意。

那个年轻人说：“我们也发现 Bob 很吸引注意，一些销售员也承认他是一个能吸引别人注意的家伙，但是我们仍然要给你一个口头警告。这不会不让你卖杂志，但是如果我们再发现你四处兜售的话，情况就会发生变化。”

就这些吗？

我感觉有点傻。一个口头警告无关紧要。我此前完全是被吓住了，想的是最坏的结果。我原以为自己将要失去工作，但事情没那么严重。

我回到了科芬园。

当萨姆看到我和 Bob 的时候，冲我们笑了笑。

她说："我都不确定是不是能再次见到你们俩了。去总部讲清楚了吗？"

我告诉她："我被口头警告了。"

"那就好。"她说，"看上去你是被留用察看了。在几个星期之内，你只能在每天下午四点半以后以及每个礼拜天上班。然后我们才能让你恢复正常。如果有人来到你和 Bob 身边要求买杂志的话，你可以说你没有，或者说它们都是为老主顾预留的。"

这些建议都非常好。

一个礼拜天下午，Bob 和我前往科芬园上班。我们正坐在詹姆斯街上，靠近杂志协调员销售点的地方，这时斯坦走了过来。

斯坦是《大志》杂志销售圈子里的一个名人。他上一分钟还能是世界上最好的人，但下一分钟又会变成最讨厌的人。今天，斯坦就是一个让人讨厌的人。

他块头很大，有将近两米高。他弯腰冲我大声咆哮着："你不应该在这儿，你被禁止出现在这片区域。"

"萨姆说我每个礼拜天或者每天下午四点半可以上班。"我毫不退让。

"是真的。"彼得说。他是另外一个在协调员的

销售点工作的家伙。“斯坦，别干扰詹姆斯了。”

斯坦离开了一会儿，然后又走过来。这次他盯着Bob，但态度并不友好。

“如果他是我的，我现在就会勒死他。”他说。

他的这些话让我产生了幻觉。

如果他靠近Bob，我就会打他。我一定会保护Bob，就像一个母亲保护她的孩子一样。Bob就是我的孩子。但是从《大志》杂志的角度来说，那就意味着一切都结束了。我将再也不可能替他们工作。

我当时面临着两个抉择。我决定当斯坦情绪不佳的时候，不会在他旁边任何地方工作。但最终我还是决定离开科芬园。

这样做将有可能造成一定的损失。Bob和我在那儿有固定的老主顾，但是我们需要搬到伦敦其他竞争不那么激烈的地方，在那儿就不像现在这么出名。

来到科芬园之前，我曾在伊灵顿的天使地铁站附近卖艺。那儿是个不错的地方。因此我决定第二天去拜访一下那儿的销售协调员。

当我问销售协调员是否有地方时，他说：“如果你愿意的话，你可以在地铁站外销售。没人喜欢那儿。”

我有一种似曾相识的感觉。

正如我在科芬园就已经发现的，Bob似乎有一种魔力，能够让进出地铁站的人们放慢脚步。人们一看见他，马上就不会行色匆匆了，似乎他能给人们带来一丝轻松，一丝温暖和友善。我确定很多人之所以买杂志是为了感谢 Bob 给他们带来的那些瞬间。因此我非常乐意选择天使地铁站外，这个大家都认为“很难”的销售点。

我们当周就上岗了。

几乎是片刻之间，就有人停下脚步跟 Bob 打招呼。我们很快就重新找回了在科芬园时的感觉。

有一两个人认出了我们。

一天晚上，一位穿着套装打扮入时的女士停下来，忽然间恍然大悟。

“你们俩以前是不是在科芬园？”她问。

“再也不去那儿了，女士，再也不去了。”我笑着回答。

Chapter 24

天使区的中心

Bob 非常高兴搬到天使区。

当我们从伊灵顿·格林公园站下车时，Bob 不像在伦敦市中心那样要求坐在我肩上。相反，绝大多数时候他都会拉着绳子，走在我前面，来到卡姆登走廊，路过那些古老的商店、咖啡馆、酒吧和餐馆，然后走到伊灵顿大街的尽头，地铁站入口处宽阔的步行街区。

有时候我们会去格林公园北边《大志》杂志销售协调员所在的地方。那时，Bob 总是直接奔向公园中心被围起来的花园区域。当他在树丛中四处搜寻、嗅着老鼠和鸟类时，我就在一旁等着并看着他。他喜欢把脑袋伸到这片区域的犄角旮旯里。

当我们最终抵达他喜欢的地方，面对天使地铁站入口处的花摊和书报摊时，他会看着我把背包放在地上，并在前面摆上一本《大志》杂志。然后，他会坐下，把自己身上舔干净，为新的一天做好准备。

我对我们这个新地方跟在其他地方感觉一样。伊灵顿是一个新的开始，并且这一次我们会在这坚持到最后。

天使区与科芬园及伦敦西区的街道都有所不同。那儿依然有一些游客，但是整个地区更职业化并且更“高档”。每天晚上，成群穿着职业套装的人从地铁站进进出出。他们中的大多数都很少注意到一只姜黄色的猫坐在地铁站外，但另外还有许多人会对 Bob 笑笑。他们也真是出手大方。伊灵顿公园的杂志销量和人们给的小费平均起来要比科芬园多一些。

住在当地的人也很慷慨。我们几乎刚开始在那儿卖《大志》杂志，人们就给了 Bob 一堆吃的。

第一次有人给 Bob 吃的是在我们第二天或第三天卖杂志的时候。一位穿着非常入时的女士停下来跟我们聊了会儿。

“你们俩每天都会在这儿吗？”她问。

这句话让我有些担心。她会不会抱怨什么？但是我完全误会了。第二天，她拎着一只小购物袋来了，里面装了一些猫奶和一袋猫粮。

“拿着，Bob。”她高兴地说，把东西放在 Bob 面前的地上。

在那之后，越来越多的当地人开始给 Bob 送礼物。

我们的销售点离一家大型超市只有一墙之隔。人

们去超市购物时，会顺带给 Bob 买点小东西。然后，他们在回家的路上会把东西送给 Bob。

我们仅仅在天使地铁站开始几个星期，就差不多有六七个人给 Bob 送东西了。一天晚上，我们收到的猫奶罐头、猫粮、金枪鱼罐头还有其他的鱼罐头太多了，以至于都没办法装进背包。我不得不把这些都放进一个大购物袋里。当我回到家后，这些东西在厨房的橱柜里塞了满满一层。Bob 吃了差不多一星期。

不像在科芬园，天使地铁站的工作人员从一开始就对 Bob 非常友善和慷慨。例如，有一天阳光非常炙热，我身上穿的牛仔裤和黑色 T 恤都已经被汗浸透了。我把 Bob 放在身后大楼的阴影处，但是他需要水。我还没来得及给他找水，就见一个人从地铁站里走出来，手里拿着一个漂亮的钢碗，里面盛满了水。她是售票员达维卡，此前已经多次过来跟 Bob 聊天。

“喝吧，Bob。”她把碗放在 Bob 面前，摸着他的后颈说，“我们现在可不想让你脱水。”

Bob 一口气把碗里的水都喝光了。

Bob 总是能让自己被人们喜爱，但他在几周之内就赢得了伊灵顿地区人们的关注，真是不可思议。

当然，天使区也并非完美。这儿毕竟是伦敦。

不像在科芬园，天使区的一切都以地铁站为中心。所以大街上就有很多其他各种营生的人，分发免费杂志以及为慈善组织募集善款等等。

一天，我跟一个卷发的年轻学生发生了激烈的争吵。他是一名“慈善募捐人士”——一个专门收集人们的信息供捐款用的慈善工作者。当有人想走开时，他就跳来跳去，跟在人们后面，这惹恼了好多人。我决定跟他说两句。

“嘿，老兄。你让我们这些在这儿工作人生意很难做。”我说，“你能不能往路那头挪几步，给我们一些空间？”

“我有权在这儿。”他抱怨道，“我要做我想做的事情。”

“你只是在为你的‘空档年’挣零花钱。”我指出，“而我正在挣钱付电费和煤气费，以便我和 Bob 能有一个栖身之所。”

当我这么说的时候，他的脸色变了。

我是地铁站外的区域唯一合法的销售员，但是那些慈善募捐人士、沿街叫卖的小贩和喋喋不休的人并不在意。

但不管怎么说，我搬到这儿来都是对的。我很高兴 Bob 和我做出了这个决定。

现在，我只需要面对一个障碍，是时候一鼓作气地戒除毒瘾了。

Chapter 25

难熬的48小时

毒瘾治疗中心的年轻医生在处方底部潦草地签下了自己的名字。

“把这些药拿去吃，48小时后再来。”他说，“会很难受，但如果你不按照我说的去做，会更难受。明白吗？”

终于，我的辅导员们和医生们都同意我进行戒毒的最后一步了。这是我的最后一张美沙酮处方。美沙酮可以帮助我摆脱海洛因。在48小时内，我将先服用一种名为丁丙诺啡的更温和的药物，以便彻底摆脱毒瘾。

辅导员说:“你身体上和精神上都会出现断瘾症状，而你必须等到那些症状变得极其严重之后才能回到诊所领取丁丙诺啡。如果你不这样做，你就有出现更深的断瘾症状的风险。”

我有信心我能做到。我必须做到。

我生命中的十年时光已经荒废了。当你染上毒瘾之后，几分钟会变得像几小时，几小时会变得像几天。你唯一需要担心的就是什么时候该再吸一次。在那之前你根本不会在乎任何事。我不想再过那样的生活。

我需要为 Bob 考虑。

像往常一样，我没有带 Bob 来戒毒中心。这是我生命中不光彩的一页。

当我回家后，他很高兴地迎接我，尤其是我还拎着满满一袋吃的，以便让我们能够度过接下来的两天。任何想摆脱毒瘾的人都知道接下来意味着什么。最开始的 24 小时是最难熬的，应对方法是转移自己的注意力。我真的很感激有 Bob 陪我一起度过。

午餐时间，我们坐在电视机前，一起吃点心，等待着。

美沙酮的药效能持续 24 小时，因此第一天很容易就过去了。Bob 和我玩了很长时间，还出去散了会儿步。我用一台老掉牙的 Xbox 玩着第一代的《最后一战 2》游戏。

在我服用完最后一剂美沙酮之后 24 小时，断瘾症状发作了。8 小时后，我流汗不止，焦躁不安。当时

是半夜，而我早就应该睡熟了。我打了几下盹，但是我觉得自己一直都没睡着。

我做了好几个试图吸食海洛因的梦，但是每次到最后一刻都没能如愿。我的身体知道不能吸毒。在我潜意识深处，正在进行着一场激烈的斗争。

几年前，我从吸食海洛因转向服用美沙酮的感觉没这么糟糕。这次是一个全然不同的经历。

第二天早晨，我头痛欲裂，大多是偏头痛。我发现自己很难适应任何光线和声音。我试图待在黑暗中，但是随后又开始产生幻觉，然后再努力从中恢复过来。这是一个恶性循环。

Bob 是我的救星。

他好像能读懂我的想法一样。他知道我需要他，因此一直待在我身边。他知道我的感觉很糟糕。有时候，我在打瞌睡，他就会爬到我身上，把脸紧贴着我，好像在说：

“你还好吧，老兄？如果你需要我，我就在这儿。”

他有时候也会坐在我身边，咕噜咕噜叫着，用尾巴蹭蹭我，有时还会舔舔我的脸。他能让我清醒过来。

在其他方面，他也是一个天赐之物。首先，他让我有事可做，我仍然需要按时喂他吃东西——走进厨房，打开一袋食物并倒进碗里，这些事情能够让我忘记自己正在经历断瘾症状。我觉得自己没法带他下楼去方便，但是当我放他出门时，他匆忙离开，几分钟之内很快就回来了。他不想扔下我一个人。

第二天早晨，我感觉好些了。Bob和我玩了几个小时。我看了一会儿书，虽然这很困难，但能够让我转移注意力。我读了一本很棒的纪实类书籍，讲的是一个海军陆战队士兵在阿富汗救下几条狗的故事。思考其他人的生活中会发生什么，这种感觉很不错。

但是到了第二天下午和傍晚时分，断瘾症状变得难以忍受，最糟糕的是身体开始失控。我的腿会突然踢出去，诸如此类。我的这些举动让Bob焦虑不安，他用一种奇怪的、斜眼的表情看着我，但是并没有抛弃我。

当天晚上的情况最糟糕。我看不了电视，因为光线和声音会让我头痛。我的脑袋在高速运转，塞满了各种各样让人抓狂的东西。上一分钟我的身体还火烧火燎，就好像置身火炉一样，下一分钟又觉得冰冷刺骨。满身的大汗好像突然间冻住了一样，并且会猛然发起抖来。因此，我不得不裹起来，但又会再次感觉火烧火燎，自始至终，我的腿都在抖个不停。这是一个可怕的阶段。

我明白为什么那么多人都很难戒除毒瘾。我能看到也能感觉到我曾经睡过的小巷子和地下通道，我为躲避现实而住的旅馆，以及我做过的各种可怕的事情。我看见了毒瘾是如何把生活搞得一团糟的。

我从不否认自己有软弱的时候，但是我从未放弃。我必须坚持住，必须忍受所有这些症状：腹泻、痉挛、

呕吐、头痛和冷热交替。

第二天晚上似乎永无尽头，时间好像在倒流。黑夜似乎越来越深沉，越来越黑暗，而不是即将迎来清晨的曙光。真可怕。

但是我有秘密武器——Bob。

有一段时间，我只是尽可能静静地躺着，试图将世界拒之门外。突然，我感到 Bob 抓了抓我的腿，爪子重重地戳进我的皮肤，很疼。

“Bob，你在干吗？”我大叫一声，他也被吓得跳了起来。

我马上就觉得很愧疚。Bob 只是为我如此安静而担心，想知道我是不是还活着。他在为我担心。

最终，一丝微弱的、朦胧的光线开始通过窗户渗进来。终于到早晨了，我挣扎着下床，差不多快到 8 点了。诊所 9 点钟开门，我再也等不了了。

每天那个时候从托特纳姆坐公共汽车去卡姆登是非常痛苦的事情。今天似乎更加痛苦。人们都在看着我，好像我是疯子一样。我看起来肯定是难以置信的糟糕，但我并不在意。我只是想去毒瘾治疗中心。

我到那儿时刚过 9 点，候诊室里已经半满了，有一两个人看起来跟我感觉一样糟糕。或许他们也刚刚经历了同样的 48 小时。

辅导员一走进诊室就问我：“嗨，詹姆斯，你感觉怎么样？”

“不太好。”我说。

“嗯，你已经很好地挺过了两天。这是你迈出的一大步。”他笑着说。

他给我做了检查，我留下了一份尿样。然后，他给了我一些丁丙诺啡，并且潦草地写了一份新的处方。

“这些药会让你感觉好很多。”他说，“现在让我们开始逐步停用这些药——并最终彻底摆脱。”

当回到托特纳姆之后，我感觉整个人彻底变了。世界似乎变得更鲜活。我能够更清晰地看到、听到、闻到周围的一切，色彩更加明亮，声音更加清脆。这听起来很奇怪，但是我感觉自己再次变得鲜活了。

我中途停下来，给 Bob 买了两袋刚刚投放市场的示巴猫粮，还给他买了个小玩具——一只会吱吱叫的老鼠。

回到家中，我开始对他大呼小叫。

“我们成功了，老兄，”我说，“我们成功了。”

那种成就感令人难以置信。在接下来的几天，我的健康状况和生活状况都发生了翻天覆地的变化。这就好像有人拉开窗帘，把阳光洒进我的生活中一样。

当然，在某种程度上，确实有人已经这样做。

Chapter 26
回到澳大利亚

Bob 和我在一起共同经历过的事情加深了我们之间的感情。接下来的几天，Bob 一直陪伴着我，就像一个坚守岗位的员工一样看着我，以防我复发。

但是已经没有那种危险了。

为了庆祝我的新生，我把房子重新布置了一下。每天，Bob 和我除了在地铁站外上班以外，还额外花了点时间买来油漆、几个靠垫和几幅挂在墙上的画。

在托特纳姆的一家很不错的二手家具店里，我淘到一张漂亮的沙发。家里的老沙发已经破烂不堪，部分是 Bob 用爪子抓挠造成的。现在，Bob 被禁止抓新的沙发。

我已经在期待我和 Bob 能过一个难忘的圣诞节。但是在节日即将来临时，还是发生了一些变化。

2008 年 11 月初的一天早晨，我收到一封信。这是一封航空邮件，上面盖的邮戳是澳大利亚的塔斯马尼亚岛。

这是我妈妈寄来的。

亲爱的詹姆斯：

你好吗？我已经很长时间没有你的消息了。我搬到了塔斯马尼亚岛上的新家，在这儿过得很愉快。这里是一个偏远地区的小农场，靠着一条河。如果我给你买好前往澳大利亚的往返机票，你愿不愿意来看看我？你可以在圣诞假期过来。也许你还能去墨尔本看看你的教父教母。一直以来你跟他们都很亲近。请回信。

爱你的妈妈

如果是以前，我可能会直接把信扔进垃圾箱。我过于傲气和固执，拒绝接受来自家人的帮助，但是现在我的想法不同了。我决定考虑考虑。

这是一个艰难的抉择，有很多利弊。

最大的好处是我又能见到妈妈了。过去，我们之间的关系时好时坏，但她毕竟是我的妈妈，我很想她。

我从来没有告诉过她自己在这里的真实情况。她上一次来伦敦的时候，我们见了几个小时，我对她撒了一大堆谎。

我告诉她：“我在伦敦组织了一个乐队。我现在

不想回澳大利亚，因为我们正在努力把乐队做大。”

我没有勇气和胆量告诉她我实际上露宿街头，吸食海洛因，虚度光阴。

我以前经常好几个月都不跟她联系。这都是海洛因造成的。除了我自己之外，我不会为其他任何人考虑。这次去澳大利亚是一个跟她改善关系并且纠正自己错误的机会。

我还将在温暖的阳光下过一个惬意的假期——我很多年都没有这样了。但是Bob怎么办？谁能照顾他？他能等到我回来的那一天吗？我愿不愿意跟我的这个知音分开好几个星期？

我告诉贝尔：“我妈妈叫我去澳大利亚过圣诞节。我想去，但是我不知道该把Bob放在哪儿。”

贝尔马上说：“把他放到我家来，我来照顾他。”

我知道贝尔是值得信赖的，她也会照顾好Bob。但是我依然不确定如果我离开会对Bob造成什么样的影响。

我还要为钱操心。即使我妈妈能够为我买机票，我在出发之前依然需要挣到至少500英镑。

在权衡了几天之后，我决定去澳大利亚。

在一位社工的帮助下，我办了一本新的护照，并且挑选好了航班。这是最便宜的航班，先飞到北京，再转机去墨尔本。我给妈妈发了一封邮件，写上了所有的详细信息，包括我的新护照号。几天后，我收到了她发来的一封确认邮件。我就要出发了。

我现在唯一需要做的就是筹集500英镑。这事儿容易。

接下来几个星期，无论天气好坏，我都从早干到晚。外面下大雨的时候我会把Bob留在家中，但是大部分时间他都跟在我身边。我知道他不喜欢被关在家中，但是我在走之前不想让他生病。如果他再次生病，我就没办法去澳大利亚了。

我很快就存了一些钱，最终，我为这次旅行攒够了所需资金。

我在贝尔的家中跟他告别，心情沉重："再见，Bob。好好待着，别忘了我。"

Bob看起来并不太在意，但是他不知道我要将近6周之后才回来。虽然他待在贝尔身边会很安全，但是我依然不放心。我真的已经成了一个过于思前想后的父亲。

我原以为去澳大利亚的旅途会很轻松，我完全错了。旅途花了36个小时，这绝对是一场噩梦。当我抵达塔斯马尼亚的时候，我已经彻底筋疲力尽了。

但是看见妈妈的感觉依然很好。她早就等候在机场，并且长时间地拥抱了我。她哭了，我想她一定很

高兴看见我还活着。

她住的房子是一间平房，又大又通风，屋后还有一座大花园。四周有农田环绕，一条小河从田间地头潺潺流过。这儿是一个非常宁静的、如诗如画的地方。在接下来的一个月里，我都会闲居在此，尽情地放松、恢复。

两个星期之后，我觉得自己已经变得与以往不同了。对伦敦的焦虑差不多被抛到了千里之外。妈妈尽心照顾着我，让我吃好喝好。终于，我开始修复我们之间的关系了。

一天晚上，我们坐在阳台上，看着太阳落山，我全盘供出了自己的过往。这既不是一次大的忏悔，也不是一部好莱坞情节剧。我只是在不停地说着，说着……

当我说起过去十年间自己是怎么过的，妈妈看起来吓坏了。

她几乎要哭出来了："当我看见你的时候，我就猜到你过得并不如意，但是我从来没想到会如此糟糕。为什么你丢了护照的时候不告诉我？为什么你不给我打电话让我帮你一把？为什么你不去找你父亲？这些都是我的过错！我让你失望了。"

"是我让自己失望了。"我告诉她，"你并没有让我睡在硬纸板的盒子里，还让我吸毒，是我自己选择的。"

我们冰释前嫌，接着谈起了在澳大利亚和英格兰度过的童年时光，时不时也开怀大笑。这不是一次气氛压抑的谈话。我们都承认彼此是多么的相似，接着聊起我十几岁的时候，跟她之间发生的一些争吵，我们都笑了。

妈妈说："我个性很要强，你也一样。你是从我这儿遗传的。"

她问了我许多关于戒毒过程以及何时能够彻底戒除毒瘾的问题。

我告诉她："还有最后一步要做。但如果一切顺利的话，我将在一年左右的时间里彻底戒掉。"

在那次长谈中，我多次提及 Bob。我随身带着一张Bob的照片，会给每一个感兴趣的人看，无论他是谁。

当妈妈看到照片的时候，她笑着说："他看起来像个小精灵。"

"哦，他确实是。"我得意洋洋地说，"如果没有 Bob，我现在都不知道自己会在哪儿。"

虽然我有点儿想搬回澳大利亚，但是我仍然挂念Bob。我不在他身边的时候，他肯定会感到一丝失落，我也一样。想搬回澳大利亚的念头并没有持续太长时间。当我启程开始 6 个星期的休假时，心思其实已经在回程的飞机上了。

妈妈把我送到机场，挥手送别，我去了墨尔本。在那儿，我跟教父教母待了一段时间。当他们听到我

的故事时，跟我妈妈一样震惊。

他们承诺：“我们会在经济上资助你，我们会在澳大利亚为你找份工作。”

“谢谢你们的帮助。”我笑着说，“但是我有责任回到伦敦。我到了该回去的时候了。”

我在澳大利亚的时候休息并恢复得非常好，因此在回英国的航班上我几乎都在睡觉。

我非常渴望再次见到 Bob，虽然有点儿担心他对我的态度会不会发生改变，甚至忘掉了我。我其实根本无需担心。

我一走进贝尔的家，Bob 的尾巴就翘了起来，从沙发上蹿了下来奔向我。

“好样的，老兄。”我笑着，一遍又一遍地摸着他。我给他带了一些小礼物，一对玩具布袋鼠。他很快就用爪子狠狠打其中一只。

当天晚上，我们一起回家的时候，他还像往常一样跳上我手臂并坐在我肩上。须臾之间，我就把在世界另一边所经历的身心旅行抛在了脑后。我和 Bob 需要再一次共同面对整个世界，就好像我从未离开一样。

Chapter 27
地铁站站长

回到伦敦后，我感觉到自己比过去若干年都更加强壮，对自己也更有信心了。与 Bob 的重聚让我更加精神焕发。在塔斯马尼亚的时候，没有他在身边，我觉得自己的身体缺失了一小部分。现在我感到自己又完整了。

我们很快就回到了往日的生活中。即使现在，我们在一起差不多两年时间了，他依然总是能让我吃惊。

在我离开的那段日子，我总是喋喋不休地告诉别人 Bob 有多聪明。有好几次人们都以为我是个疯子。我敢肯定他们一定在想："一只猫不可能有那么聪明。"

然而，在回来两个星期之后，我意识到自己依然低估了他。

对 Bob 来说，大小便一直都有些烦人。他从来不在我给他买的便盆里排泄。到现在我依然有好几包便盆放在橱柜里堆满灰尘，从买来的第一天开始它们就在那儿。

每次他大小便都要走下五楼去室外，这真是一件很让人痛苦的事情。过去几个月，在我去澳大利亚之前以及从澳大利亚回来之后，我就发现 Bob 大小便的频率不像往常那样高了。

我一度想知道他是不是身体有问题。我曾经带他去伊灵顿·格林公园的蓝十字中心做过检查。

兽医安慰我说：“他很好。有可能是他长大了，身体的新陈代谢发生了变化。”

事实比上述解释有趣得多。

从澳大利亚回来之后不久，因为时差还没调整过来的缘故，我起得很早。一天，我挣扎着起床，一步一顿、睡眼惺忪地去上厕所。卫生间的门半开着，并且我能听到一阵轻轻的叮当声。

“奇怪。”我心想。

是不是有人偷偷摸进家上卫生间？

当我轻轻推开卫生间的门后，被眼前所见到的情形惊得彻底说不出话来。Bob 正蹲在坐便器上。

Bob 显然觉得下楼大小便太麻烦，因此，在过去三年间看我去了几次卫生间之后，他已经明白他需要做的就是简单地模仿我。

当看到我正在盯着他看时，Bob 给了我一个不屑一顾的表情。

他好像在说："你在看什么？我只是在上厕所。还有比这更普通的事情吗？"

当然，他是对的。为什么我要对Bob的所作所为感到吃惊？他能做任何事。我不是早就知道这一点了吗？

天使区的许多居民都注意到了我们这段时间没去。

在我们重新上班的第一个星期，他们说："啊，你们回来了！我们还以为你们彩票中大奖了呢。"

一位女士放下一张卡片，上面写着："我们很想念你们"。回家的感觉非常好。

当然，总有那么一两个人看我们不爽。

一天晚上，我跟一个华人妇女发生了激烈的争吵。我以前就注意到她了，她似乎看不起我和Bob。这一次，她又走到我跟前，像以前一样用手指着我。

"不对劲，不对劲。"她生气地说。

"对不起，哪里不对劲了？"我真的很困惑。

"一只猫像这样太不正常了。"她继续说，"他太安静了，你肯定给他吃了麻醉药。你给猫吃麻醉药了。"

还有其他人也让我回想起了在科芬园时发生的事情。

有一天，一个傲慢的教授模样的家伙停在我面前：

“我敢跟你打赌，我知道你做了些什么。我知道你给他下药了，他才这么温顺和驯服。”

“是的话又怎么样，先生？”我答道。

他对我敢直接回应很吃惊：“我不告诉你。你不能这么做。”

“不，来吧，你可以提出指控，现在证明你的观点。”我继续反击。

他飞快地消失在人群中。

那个华人妇女基本上也说出了相同的话，因此我也以相同的方式反击她。

“你觉得我给他吃了什么才让他像现在这样的？”我问。

“我不知道。”她说，“但是你肯定给他吃了什么东西。”

“好吧，如果我给他下药了，为什么他会每天都跟在我身边？”我说，“为什么他不试着逃跑？我不可能当着这么多人的面给他下药。”

“嘁……”她用手指着我，迈开步子，边走边说：“这不对劲，这不对劲。”

一直都有人怀疑我虐待 Bob。跟那个华人妇女吵完之后几个星期，我又跟另外一个干上了，但这次的情况完全不同。

自从早些时候在科芬园开始，就经常有人给 Bob 钱。有时，有人会过来问：“你的猫卖多少钱？”我

通常会让他们走开。

在天使区，我又一次听到了这种问话，特别是从一个妇女嘴里说出来。她来过好几次，每次在谈到正题的时候都会跟我闲聊一会儿。

“看，詹姆斯，”她说，“Bob 不应该待在大街上。他应该在一个漂亮温暖的家中，过着更好的生活。你要价多少？ 100 英镑？ 500 英镑？”

一天晚上，她最后一次走过来说：“我要出 1000 英镑买下他。”

我只是看了看她，问：“你有孩子吗？”

“嗯，是的，我当然有。”她结结巴巴地答道，感到有些意外。

“很好。你最小的孩子要多少钱？”

“你在说些什么？”

“你最小的孩子要多少钱？”

“我不认为这二者之间有什么关系。”

我打断她：“事实上，我认为确实有很大的关系。对我来说，Bob 就是我的孩子。你要我卖掉他，实际上就跟我问你想多少钱卖掉你最小的孩子是一样的。”

她气呼呼地走了。我再也没见过她。

地铁站的工作人员对Bob的态度与他们截然不同。一天，我在跟售票员达维卡聊着天。

她看到无数人都停下来给 Bob 拍照的时候，笑着说：“他让天使地铁站出名了，难道不是吗？”

“是的。”我同意，“你应该让他成为你们的一员，就像日本有一只猫当了地铁站站长一样。那只猫甚至还戴着一个帽子。”

“我不知道我们有没有职位空缺。”达维卡乐不可支。

“好吧，你们至少应该给他一张胸卡或者其他什么东西。”我开玩笑地说。

她看着我，脸上若有所思，随后就走开了。我并没有再去想这件事。

几周后，一天晚上，Bob和我正在地铁站外坐着，达维卡过来了，脸上挂着大大的微笑。我马上就感到不对。

“怎么了？”我问。

“不只有我想给Bob这个。”她笑着拿出了一张印有Bob照片的地铁胸卡。

“这太棒了。”我说。

“我从网上下载了这张照片。”她的话让我稍感意外。Bob在网上干什么？

“这意味着他能够免费坐地铁了。”她继续笑着说。

“我想猫坐地铁一直都是免费的吧？”我大笑。

“好吧，这实际上意味着我们非常喜欢他。我们把他视作我们中的一员。”

我努力强忍着不让泪水流出来。

Chapter 28

大麻烦

在伦敦露宿街头的经历，真的会能让你成为一台性能良好的雷达，可以分辨出哪些人应该不惜一切代价躲开。一天晚上6点半到7点左右，对我来说正是一天当中最繁忙的时候，一个符合上述特征的人出现在天使地铁站，慢慢走过来。

他是一个举止相当粗野的家伙，浑身通红，布满斑点，衣服上污渍斑斑。但是他的狗使得他很引人注意，那是一只黑棕色的罗特韦尔犬。当我第一眼看见那条狗时，我就知道它很好斗。

几乎同时，那条罗特韦尔犬也发现了Bob。它用力拽着绳子，急吼吼地想过来，对Bob有所企图。那家伙似乎能牵住他的狗，但究竟能牵多久呢？

我想让自己和Bob尽可能远离他们俩。

我开始收拾杂志，并把其他一些零碎物品都往包里塞。突然，我听到一声巨大的、刺耳的尖叫声。

我转过身，看见一道黑棕色的闪光直冲我和 Bob 过来了。那条罗特韦尔犬跑过来了。

我必须保护 Bob！因此，我冲到那条狗面前。我还没反应过来，那条狗就把我撞倒了。我们在地上扭作一团。我试图死死压住它的脑袋，这样它就咬不到我了，但是那条狗实在是太强壮了。

“快过来，你这家伙！”

狗主人尽全力拉着狗绳。接着，他又用一个钝器狠狠打了几下狗的头。那声音听起来让人很不舒服。换作其他情况下，我肯定会担心那条狗的安危，但是我现在更担心 Bob。他一定吓坏了。

我转过身去找他。他之前坐着的地方是空的。

我又转过身去看看有没有机会把他抱起来保护他，但是踪影全无。Bob 不见了。

突然，我意识到我做了些什么。为了能更快地收拾好杂志，我把栓 Bob 的绳子从腰带上解开了。虽然只有几秒钟，但那已经足够长了。那条罗特韦尔犬一定看到了，并且意识到 Bob 被松开了绳子。这就是他恰恰在那个时候挣脱控制向我们扑过来的原因。

我马上感到一阵恐慌。

“有人看见 Bob 了吗？”我喘着粗气问。

“我刚才看见他跑向卡姆登通道去了。”一个老主顾告诉我。她是一位中年妇女，经常给 Bob 吃的。“我

想抓住他的绳子，但他跑得太快了。”

“多谢。”我说。

我抓起背包跑了过去，心扑通扑通跳个不停。

我脑海里马上回想起 Bob 在皮卡迪利广场走失的情景。不知何故，这一次的感觉更加糟糕。那一次，他只是被一个穿着奇怪的人吓坏了。这一次，他是真的遇到了生命危险。如果我没有出手保护他，那条罗特韦尔犬肯定已经攻击到他了。我猜他跟我一样被吓坏了，也很痛苦。

我直接跑向卡姆登通道，边跑边躲着傍晚时分在大大小小的酒吧和餐馆附近闲逛的人群。

“Bob、Bob。”我不停地喊着，吸引了路人的目光。“有人见过一只姜黄色的猫从这边跑过去吗？他的绳子拖在后面。”我问站在一家酒吧外的一群人。

他们都耸耸肩。

我原希望 Bob 能躲进一家商店，就像在皮卡迪利广场那次一样，但是路边的大部分商店都关门了，只有酒吧、餐馆和咖啡厅开着。

如果 Bob 一直向前跑，他将会跑到主干道上。他此前曾经走过这条路的一小段，但从来没在晚上走过，也没有独自走过。

当我开始有点绝望时，在伊灵顿 · 格林公园附近看到一位女士。她指着那条路，说：

“我看见一只猫朝那儿跑过去了。他跑得像火箭一样，改变方向跑到主干道上去了。他看起来好像在思考怎么过马路。”

Bob很喜欢伊灵顿·格林公园，通常会在那儿方便。那儿也是蓝十字中心所在地。应该去那儿看看。

我飞快地穿过马路，跑进那一小块被围起来的草地。我跪下来，在树丛中搜寻着。即使光线越来越暗，黑得伸手不见五指，我依然抱有一丝希望，也许能看见一双明亮的眼睛在看着我。但是什么也没有。

我跑到公园另一角，大喊了几声：

“Bob！ Bob，老兄！是我！”

但是我只能听到汽车持续不断的嗡嗡声。

我发现自己站在沃特斯顿书店前。Bob和我通常会去那儿，那里的店员都很注意他。现在我想抓住一根救命稻草，也许他就躲在那儿。

书店里非常安静，一些店员正在准备打烊，只有很少的几个人在书架间浏览。

此时的我已经汗流浃背，气喘吁吁。

“你怎么了？”收银台后面一位我认识的女士问。

“Bob丢了。”我气喘吁吁地说，“一条狗攻击了我们，Bob跑掉了。他有没有跑到这儿来？”

“没有。”她答道，脸上的表情非常担心，“我一直在这儿，但是没见到他。我非常抱歉。如果我们看到他了，肯定会保护他的。”

“多谢。”我说。

当我魂不守舍地走出沃特斯顿书店，走进已经漆黑的夜色中时，脑海里只有一个念头：

“我再也见不到他了。”

Chapter 29

最漫长的一夜

接下来的几分钟里，我都魂不守舍。我沿着主干道一直走着。当看见一辆驶往托特纳姆的公共汽车时，我那疲惫的心里突然冒出了另一个想法。他不会这样做吧？他会这样做吗？

在一个公共汽车站台上，我问售票员："你有没有看见有一只猫爬上公共汽车？"

我了解Bob，他足够聪明，有可能会上公共汽车，但是那家伙看我的表情就好像是我在问他有没有在73路车上看见外星人一样。他摇摇头，转过脸去了。

猫的方向感很强，进行长距离旅行也没问题，但是Bob绝无可能徒步走回托特纳姆。那将是漫长的3.5英里的距离。我们从未徒步走过这段距离，每次都是坐公共汽车。我很快就知道Bob不可能走回去。

接下来半小时左右，我的情绪就像坐过山车一样起起伏伏。

我试图自我安慰："他不可能在外面流浪太久而不被人发现并确认身份。许多当地人都知道他是谁。即使有人不认识他，他们也会发现他被植入了芯片。那样，我就能把他找回来。"

但是，我更疯狂更不理性的一面会说，情况并不那么乐观："他丢了，你再也见不到他了。"

我在主干道上徘徊了将近一个小时。四周漆黑一片，但我依然茫然不知所措。我的大脑一片空白，开始往多尔斯顿走去，我朋友贝尔的家住在那儿。

当我穿过一条小巷的时候，看见一只尾巴闪了一下。那尾巴又黑又细，跟Bob的尾巴很不一样，但是处在当时那种状态当中，我的脑子根本转不过弯来。

"Bob！"我大喊着冲进了黑暗中的角落里，但是那儿空无一物。几分钟后，我不得不离开了。

到目前为止，交通顺畅了很多。我第一次注意到天上的星星出来了。虽然不像澳大利亚的夜空，但是依然让人印象深刻。几个星期前，我还在塔斯马尼亚岛上看星星。我在澳大利亚的时候曾经告诉每个人，我要回来照顾Bob。

"看你干的好事。"我狠狠地骂我自己。

是不是因为我在澳大利亚待的时间太长？是不是分开的时光让我和Bob之间没那么亲密了？是不是分离让Bob怀疑我对他的承诺？当那头罗特韦尔犬袭击

他的时候，他是不是决定不再依靠我来保护他了？这些念头折磨得我想拼命大喊。

当通向贝尔家的道路隐约可见时，我都差不多要哭了。如果失去他我将怎么办？我将再也找不到一个像 Bob 这样的伙伴了。

多年来我第一次有了想吸毒的冲动，并且这一冲动极其强烈。

如果我真的失去了 Bob，我将无法面对这一切。我不得不麻痹自己才能不让自己悲伤，而我现在已经有了这种悲伤的感觉。

我知道贝尔的室友也吸毒。我越接近她家所在的街道，脑海里那个念头就越可怕。

当时已经将近晚上 10 点了。我已经在大街上游荡了好几个小时，远处又响起了警笛声，也许警察正赶着去处理一起酒吧斗殴事件。我根本不在乎。

当我沿路走向贝尔家所在的公寓楼灯光昏暗的正门时，发现大楼的阴影处有一个东西静静地坐在那儿。那是一只猫的轮廓。

到目前为止，我已经放弃希望了。那很可能是另外一只流浪猫来这避寒。但是随后我看到了他的脸，那张脸我绝对不可能看错。

“Bob！”

他发出一声哀怨的喵叫，就好像三年前在走廊里发出的声音一样。

他好像在说，“你去哪儿了？我已经等了好久。”

我一把抱起他，紧紧搂着。

“如果你再像那样跑掉，你就会要我的命。”我说。与此同时，我的脑子转得飞快，想知道他到底是怎么来这儿的。

当然！Bob 已经跟我一起来过贝尔家好多次，而且当我离开的时候，他在这儿待了 6 个星期。他来这儿也是有道理的。我觉得自己像个傻瓜，怎么没早想到这一点。但是他自己究竟是怎么到这儿来的？这儿离天使地铁站有一英里半的距离。他是一直走过来的吗？他到这儿多长时间了？

现在一切都无关紧要了。我不停地抚摸着他，同时他也在舔我的手。他的舌头就像砂纸一样粗糙。他用脸蹭着我的脸，卷起了尾巴。

我跑上贝尔家，贝尔邀请我进门。我的情绪已经从绝望转变成了极度的兴奋。我觉得自己是世界上最幸福的人。

“要不要来点庆祝一下？”贝尔的室友一脸坏笑。

“不，非常感谢。”我边笑边挠着 Bob，他也在开玩笑地挠着我的手。

Bob 不需要毒品度过漫漫长夜。他只需要我，并且我也只需要他。不仅仅是今晚，我这一生都要照顾他。

Chapter 30

Bob，《大志》之猫

随着三月的太阳下山，黄昏降临，伦敦再一次迎来了夜晚。伊灵顿高速公路上的车流量越来越大，汽车喇叭声此起彼伏。人行路上也非常繁忙，人们从地铁站大厅里进进出出。高峰期已经开始，并且名副其实。

我正在数着手里剩下的杂志是否够卖时，眼角余光瞥见了一群孩子围拢在我们周围。他们大约都十几岁，三男两女。他们看起来像南美人，也有可能是西班牙人或葡萄牙人。

这没什么奇怪的。伊灵顿随处可见外国游客，Bob 对他们也很有吸引力。他几乎没有哪一天不像这样被人围着。

然而，这天晚上的与众不同之处在于他们指着 Bob，不停地在说着什么。

“啊，Si，Bob。”一个十几岁的小女孩说。

“Si，Si。Bob，《大志》之猫。”另外一个孩子说。

当我听到她说的话之后，我对自己说：“真奇怪。他们是怎么知道Bob的名字的？他脸上又没写着名字，而且他们说的《大志》之猫是什么意思？”

“你们是怎么知道Bob的？”我希望他们有人能说一口标准的英语，因为我一点儿都不会说西班牙语。

一个男孩笑着说：“哦，我们在YouTube网站上看到过他。Bob非常受欢迎，对吧？”

“是吗？”我问，“有人跟我说过他在YouTube上，但是我不知道有多少人看过他。”

“我想有很多人都看过他。”那个男孩笑着说。

“你们从哪儿来？”我好奇地问。

“西班牙。”

“是不是Bob在西班牙也很受欢迎？”

“Si，si，”另外一个男孩说，“他在西班牙是大明星。”

我被震惊了。

我知道过去几年间有很多人给Bob拍过照片，从我在街头卖艺开始，一直到现在卖《大志》杂志。我开玩笑地想知道，他是否能以“世界上最受欢迎的猫”的名义被收入吉尼斯世界纪录。

还有一些人也给Bob拍了录像，一些人是用手机拍，而另外一些人则用了摄像机。现在在YouTube

上的视频是谁拍的呢？

第二天早晨我带着 Bob 去了当地的图书馆上网。

我敲入搜索关键词：Bob，《大志》之猫。果然，出现了一个 YouTube 上的链接。我点开了。让我惊讶的是不只有一段视频，而是两段。

“嘿，Bob，看，他说的很对。你在 YouTube 上是个大明星。”

直到此时，Bob 都不太感兴趣，毕竟这不是第 4 频道的赛马节目。但是当我点开第一段视频，他看到并且听到我在说话时，Bob 就跳上了键盘，眼睛直勾勾盯着电脑屏幕。

第一段视频名为《小猫 Bob 和我》。一段记忆涌上心头。那是我们在科芬园卖《大志》杂志的时候，一个学电影的学生在我旁边拍过一段时间。视频里有我和 Bob 留下的美好印记，坐上公共汽车，走在大街上。这段视频很贴切地总结了《大志》杂志的销售员日复一日的工作。

另外一段视频的拍摄时间比较靠后，是一个俄罗斯人在天使地铁站附近拍的。我点开链接。他把这段视频取名为《Bob，〈大志〉之猫》。这一定就是那些西班牙学生看过的那段视频。它有上万次点击率。我大吃一惊。

Bob 已经具有相当的知名度了。

这并不完全让我感到惊讶。这已经有一阵子了。

时不时都会有人说："啊，那是Bob吧？"或者问："这就是那只著名的小猫Bob？"而且，在遇到那群西班牙学生之前的几个星期，我们还被当地的一家报纸《伊灵顿论坛报》报道了。甚至有一位美国妇女开始联系我，她是一名经纪人。

"你有没有想过把你和Bob的故事写成一本书？"她问我。

好像想过！

但是遇见那群西班牙学生之后，让我了解到Bob的名气比我想象的要大得多。他正在成为一名猫界巨星。

我忍不住笑了出来。

"Bob拯救了我的生活。"我在一段视频里说。

当我第一次听到这句话时，我觉得它听起来有些蠢，也有些夸张。但是当Bob和我离开图书馆，走在路上时，我逐渐认同了这句话：这是真的，他真的拯救了我的生活。

自从我在那个灯光昏暗的走廊里发现他两年来，Bob已经彻底改变了我的世界。我当时是一个戒除毒瘾中的人，过着仅能糊口的生活。我将近30岁了，除了生存之外没有任何人生方向或人生目标。我跟家人失去了联系，在这个世界上几乎没有朋友。我的生活一团糟。现在，所有这一切都变了。

我回到澳大利亚的旅程并不能弥补过去遇到的困

难，但是却能让我和我母亲重归于好。心灵的伤口正在逐步愈合。我希望能最终结束和毒品抗争的过程，甚至不需要服用丁丙诺啡的那一天已经隐约可见。我能够看到最终完全戒毒的那一天。这些是我此前根本不敢想象的。

最重要的是，我已经扎下根了。我在托特纳姆的蜗居给了我某种渴望已久的安全感和稳定感。我已经在那儿住了4年——比我此前住的任何一个地方都长。我敢肯定，如果没有 Bob，所有这一切都不会发生。

我不是佛教徒，但是我很喜欢佛教教义。他们会给你一个很好的概念，那就是你的生命能够轮回。比如说“业”：这个概念认为有因必有果。我很想知道，在我那段混乱不堪的生活中，是不是在某时或某地做过一些好事，因此上天才把 Bob 奖励给我作为回报。

也许 Bob 和我在前世就已相识。我们之间的联系以及我们目前的关系都非同寻常。

有人曾经跟我说过：“你们俩就是迪克·惠廷顿和他的猫！”

但我觉得迪克·惠廷顿化身成了 Bob，而我则变成了他的那个伙伴。我喜欢这个说法。

Bob 是我最好的伙伴，而且他引导我走上了一条完全不同的——并且更好的——人生道路。他不要求更多的回报。他仅仅只需要我照顾他，而那也是我正在做的。

前方的道路注定不会平坦。我们已经准备好面对这样那样的困难——毕竟，我依然在伦敦街头工作，那永远不是一件容易的事。但是只要我们在一起，我相信一切都会好起来的。

每个人都需要一个转折点。每个人都有第二次机会。Bob和我抓住了！

致 谢

写这本书是一个奇妙的经历。许多人都在其中扮演了重要的角色。

首先，也是最重要的，我想感谢我的家人，特别是我的父母，是他们让我有决心能够度过生命中的黑暗时刻。我还想感谢我的教父教母，特里和玛丽莲·温特斯。他们一直是我的好朋友。

过去几年，在伦敦街头，许多人都对我很好，但是我想特别感谢《大志》杂志的销售协调员萨姆、汤姆、李和丽塔。他们对我都非常照顾。感谢推广人员凯文和克里斯的同情和谅解。我还要感谢蓝十字中心和英国皇家防止虐待动物协会提供的诸多有价值的建议，还有天使地铁站的达维卡、利安娜以及地铁站的其他工作人员，他们给了我和 Bob 巨大的支持。

我还要感谢食与思餐厅以及尼尔街上的皮克斯。他们总是会给我和 Bob 提供一杯温暖的香茶和一杯牛奶。还要感谢索霍区钻石杰克文身馆的达里尔以及保罗和修鞋匠丹，他们一直都是我的好朋友。我还想感谢“腐败驾驶记录公司”的彼得·沃特金斯、马赛克之家酒吧的DJ凯维·尼克和罗恩·理查德森。

如果没有我的经纪人玛丽·帕奇诺斯，这本书绝对不会成型。她是第一个让我写书的人。这在当时听起来相当疯狂，而且如果没有她和作家加里·詹金斯的帮助，我永远都不可能把这一切都写下来，并使之成为一个连贯的故事。因此，我要衷心感谢玛丽和加里。我还想感谢霍德斯托顿出版社的罗伊娜·韦伯、吉亚拉·福利、艾玛·奈特和其他优秀的团队成员。我还想感谢阿兰和沃特斯顿书店的员工，他们甚至允许我和加里在安静的楼上写书。我还要大大的感谢基蒂，如果没有她一直以来的支持，我们俩一定会迷路。

最后，我想感谢斯科特·哈特福德－戴维斯，近年来，他们给了我赖以生存的生活信念，还有莉·安，我一直都记得你。

当然最后，但绝非无足轻重，我还要感谢这个2007年闯入我生活的小伙伴，自从我们认识以后，他已经给我的生活中注入了积极的正能量。每个人都应该拥有一个像Bob这样的朋友。非常幸运，我已经找到了。

詹姆斯·波文

2012年1月

伦敦

出版后记

我们每个人生命中的每一天都有第二次机会，但我们通常都没有把握住。

这是一场奇遇，更是一个奇迹。

伦敦科芬园的街头艺人 James 结束一天的卖艺生活，疲惫地返回简陋的住处，发现一只受伤的姜黄色猫咪蜷曲在他的家门口。他被这只猫充满灵性的注视所吸引，为他取名 Bob，并在接下来的一个星期内，用身上仅剩的钱全力救治这只猫，直到 Bob 康复。

在遇见 Bob 之前，James 是一个消沉的流浪者和“瘾君子”，在伦敦街头卖艺，过着朝不保夕的生活，被毒品、酒精、小偷小摸和绝望包围。Bob 的出现，让 James 的生活发生了巨大的变化。照顾 Bob 的责任让 James 学着为他人着想，并开始认真地考虑自己的生活。在与 Bob 一起生活的五年中，James 与 Bob 真正成为了最亲密的伙伴。他们一起卖艺，一起散步，一起对抗生活的困苦，也一起享受努力的成就与幸福。Bob 以他与生俱来的灵性和不可思议的影响力，为

James带来了许多善良的关怀，让他再一次感受到社会温情的一面。

James靠着顽强的毅力和Bob不离不弃的陪伴，终于戒除了可怕的毒瘾，并逐渐步入正常的生活轨道。在很多人的帮助下，James和Bob结束了漂泊的卖艺生涯，成为了伦敦《大志》杂志的销售员，还有了自己的上岗证和岗位编号。哥儿俩的这一组合受到了路人的喜爱，而Bob也成为了网络上的明星。与Bob的这一场邂逅，让James重新拾起了生活的信心和希望，帮他寻回了遗失已久的亲情，更改变了他曾经昏暗、几近毁灭的人生。用James的话来说，“这就好像有人拉开窗帘，把阳光洒进我的生活中一样。当然，某个人确实已经这么做了。”

这本半自传体式的小书讲了一个很简单的故事——一个流浪的人，一只流浪的猫，在走投无路时相遇，从此互相依赖，给予对方生存下去的力量。这个故事语言质朴，带着城市边缘生活特有的辛酸、动荡与矛盾，然而字里行间却充满了坚韧的品格，闪烁着动人心魄的人性光辉。无论是一个人，还是一只猫，都享有一份生命的尊严，都饱含对生存的渴望。在这一人一猫笑中带泪的生活片段中，弥漫着关于生命、责任、尊严与幸福的宏大主题。

正如作者James所说，“每个人都需要一个转折点。每个人都有第二次机会。Bob和我抓住了！”James

和 Bob 无疑是幸运的，因为他们遇到了彼此。然而街头巷尾，人海深处，还有许许多多人，他们散落在冥冥之中，躲在黑暗的角落，有谁去救赎，去启示，去唤醒，去拂落他们心灵上的灰尘？亲情？友情？爱情？还是像 James 一样，等待一只名叫 Bob 的猫？

感谢 Bob，感谢 James，也祝福这世间所有鲜活美丽的生灵！

服务热线：133-6631-2326　188-1142-1266

读者信箱：reader@hinabook.com

后浪出版公司

2013 年 6 月

图书在版编目（CIP）数据
伦敦街猫记 /（英）波文著；檀秋文，许伟伟译．-- 北京：
北京联合出版公司，2013.6（2015.3 重印）
ISBN 978-7-5502-1636-5
Ⅰ.①伦… Ⅱ.①波… ②檀… ③许… Ⅲ.①成功心理—通俗读物 Ⅳ.① B848.4-49
中国版本图书馆 CIP 数据核字（2013）第 137461 号

伦敦街猫记

著　　者：（英）波文
译　　者：檀秋文　许伟伟
选题策划：后浪出版公司
出版统筹：吴兴元
策划编辑：张　鹏
特约编辑：周　格
责任编辑：刘　凯
封面设计：红杉林文化
版面设计：张宝英
营销推广：ONEBOOK
装帧制造：墨白空间

北京联合出版公司出版
（北京市西城区德外大街 83 号楼 9 层　100088）
三河市祥达印刷包装有限公司印刷　新华书店经销
字数 106 千字　889 × 1194 毫米　1/32　5.5 印张　插页 4
2013 年 9 月第 1 版　2015 年 3 月第 4 次印刷
ISBN 978-7-5502-1636-5
定价：29.80 元

后浪出版咨询（北京）有限责任公司 常年法律顾问：北京大成律师事务所　周天晖 copyright@hinabook.com